掌控 24:00 小時

讓你效率倍增的
時間管理術

尹慕言｜著

萬里機構

序言

真正的成長在路上

曾在 2002 年獲得諾貝爾經濟學獎的丹尼爾·卡尼曼（Daniel Kahneman）在其著作《快思慢想》的序言中寫道：「我想每位作者都會在腦海中勾勒讀者因為讀自己的書而受益的情形。」作為本書的作者，我自然也不例外。

寫這書時，我經歷了漫長的心路歷程，而真正激勵我提筆完成它的，是占士·哥林斯（James C. Collins）的一句話：「沒有人會永垂不朽，但是書籍和思想永存。」當然，我並非奢望永存，只是想借這本書見證自己的成長，如若有幸，也期待見證你的成長。

其實，想要寫一本書的念頭很早就有了，直到生下第二個孩子，有了很多不同的社會身份，研習了教練技術，思考了生命的意義，我才感覺到自己的人生有了新的感悟。我出生在一個小縣城，一路努力打拼到現在，職業生涯雖稱不上轟轟烈烈，也總算小有所成。一直以來，我從未停止奔跑，也從未想過停止，雖也曾撞得頭破血流，但從不捨得離開這個「戰場」。

在職場的時光，是一個人一生中最長的時光，也是最絢麗、最精彩、最具生命力的時光。我認為，這是一本最不像時間管理，卻以一天 24 小時為時間線呈現給你的喚醒之作。「喚醒」正是令我着迷的地方；很多人埋頭與時間賽跑，往往忽略了自己到底想要甚麼、想去哪兒、想成為甚麼樣的人。

與其說這是一本書，不如說它更像是你一天、一週、一個月、一年，乃至整個成長路上最忠誠的影子，它要喚醒的也不是時間，而是你。當然，你也可以把它化作一把裝在時間盒子裏的隱形鑰匙，要否取出這把鑰匙、打開你清晰可見的成長之門，全憑你自己去決定。

我猜想，選擇這本書的你，一定是一位終身成長理念的實踐者，你在個人成長和職場發展方面都是如此，對嗎？如果你的答案是肯定的，那麼我會非常開心，也很榮幸你能與我一起踏上這場關乎你的每一個 24 小時的成長之旅。

如果你認為自己暫時還不是一位終身成長理念的實踐者，我也期待這本書能激發你的成長意願，開始創造屬於你自己的每一個 24 小時，繼而邁上一個新台階。

要知道，終身成長理念的實踐，代表的不僅是終身學習，更是終身實踐。最後，我想用以下 3 個喚醒我成長的問題來讓你思考：

- 5 年後，如果你的家人、朋友因你而改變，那是因為你做了甚麼？
- 10 年後，如果你所在的環境因你而逐漸改變，那是因為你做了甚麼？
- 50 年或更長的時間後，如果這個世界因你的存在而發生改變，那又是因為你做了甚麼呢？

我一直在思考上述問題，也帶着這些問題提筆寫下這本書。真正的成長永遠在路上。我期待在這路上，遇見你！

尹慕言

目錄

CHAPTER **01**

早晨篇

規 劃 的 早 晨

CHAPTER **02**

上午篇

專 注 的 上 午

CHAPTER 03

中午篇

修 復 的 中 午

CHAPTER 04

下午篇

協 作 的 下 午

CHAPTER 05 晚上篇

投 資 的 晚 上

CHAPTER 06 尾聲

就 到 此 結 束 了 嗎

時間，
珍惜時就是黃金，
虛度時就是流水。

CHAPTER 01

早晨篇

規 劃 的 早 晨

> 我們要做的不是抓住時間，
> 而是喚醒時間。

昨天消失了，明天還沒有到來，我們只有今天，讓我們開始吧！

—— 德蘭修女（Mother Teresa）

100 種早起方式
不如一種掌控感

時間究竟是甚麼？

假如你問人「時間是甚麼」，你可能得到各種各樣新奇且有趣的答案。但我敢打賭，沒有一個答案能夠明確地闡述「時間到底是甚麼」。

時間不受我們控制，它是一個「自動導航系統」。不管你重不重視、在不在意，時間都在靜靜無聲地發揮着它獨有的影響力。這也是為甚麼總有人告訴你，時間是人一生中最關鍵的變數。

每個人的一天都是 24 小時、1,440 分鐘、86,400 秒，但隨着時間的流逝，人與人之間的差別也越來越大，雖説各人有各人的生活方法，但造成這種差異的根本原因在於，你有沒有想過喚醒自己，喚醒時間。

著名作家馬克‧吐溫説過：「人的一生有兩個日子最重要，一個是你出生的那一天，另一個是你知道自己為甚麼出生的那一天。」當你真正明白自己為甚麼出生，你每天的 24 小時也將被賦予獨特的意義。我們即將開啟的 24 小時時間之旅，就是從喚醒時間的那一刻開始。接下來，我們將從一天最重要的時間段——早上的時間開篇。

為贏得早上的時間，早起成了避不開的話題，也一直備受爭議。在早起這件事情上，不同的人面臨不同的挑戰。我的朋友 Ken 就是極具代表的例子。

> Ken 是一個性格倔強的男生，剛剛畢業就加入了一家外企，從事的也是他最喜歡的策劃工作，雖然收入不算太高，但生活過得還算充實。誰知，最近他的公司不斷傳出業務重組和裁員的消息。公司上下人心惶惶，Ken 也深受影響。看着一個個身陷「中年危機」的同事拿着微不足道的賠償金離開公司，Ken 整夜睡不着，他總覺得自己應該做點甚麼。
>
> 梳理一番後，他打算先從培養早起的習慣開始，一來可以利用早起後的時間學習業務知識，提升職場競爭力；二來有機會把之前訓練過的加分技能重拾起來。盤算一番後，他打算利用早起時間，先從練習英語、寫作、演講這三項開始。他想，就算有一天公司發展不好，自己被迫離開，他還可以藉由訓練的能力開拓新的職場路向，順便緩解現在的焦慮情緒。想到這，他立即着手，設好鬧鐘，備好簿子，擺出一副大幹一場的架勢。
>
> 結果，還沒堅持一週，他就又栽倒在床上。回想自己屢屢敗下陣來的經歷，他覺得主要是因為沒有同行者，一個人堅持不下去。所以，他乾脆加入了一個早起訓練營，跟着訓練營裏的夥伴一起早起打卡、互相監督。果然，情況確實有所好轉，至少每天群內的打卡記錄上有了 Ken 的名字。
>
> 即使如此，Ken 還是不可避免地陷入了更深的焦慮——早起是做到了，也列了各種計劃，可是他依然

很焦慮，總感覺起是起來了，卻甚麼也沒幹好；於是，他開始不停地埋怨自己白白浪費了時間。

這種情況越來越嚴重，他的狀態也變得比沒早起時還要糟糕。確實，在 Ken 早起的那段日子，公司正處於變革期，部門之間的關係變得十分微妙。在重重壓力下，Ken 更加緊張了。

早起後不停地瞎忙，白天還要在各個場合拋頭露面、努力表現，晚上又怕錯過任何消息，躺在床上也控制不住地玩手機⋯⋯早起加上沒能改掉的熬夜習慣，以及日益焦慮的狀態，讓他的精力嚴重透支，以至於後來慢慢演變成早早睜開眼在訓練營裏打卡，又迷迷糊糊地睡了過去。

白天無精打采的 Ken 還被上司點名批評。這樣一來，原本性格倔強的他越來越不願意面對上司、同事以及愈發失控的現實，每天一睜眼就想找個藉口逃避上班。這讓 Ken 很鬱悶，他不想像身邊的其他同事那樣，因「中年危機」而焦頭爛額，也不想像現在這樣，看似勤奮卻毫無意義。

看了 Ken 的經歷，我深深地歎了一口氣。不知道你身邊是否也有這樣的朋友，或是你自己也正在經歷這樣的現狀──我們想盡辦法讓自己抓住一切時間，可愈想抓住卻愈發失控，甚至感覺比行動之前還要焦慮？歸根結底，這並不是早起惹的禍，**對時間的失控感以及對未來的未知和恐慌，才是讓我們焦慮的根本原因**。這種無謂的焦慮，既無法幫助我們把握時間，還嚴重影響我們的狀態，干擾我們的正常發揮，長此下去，我們只會不斷失控。

我發現，早起過程中遇到的種種情形，都可以按照任務、價值、當下、未來這四個維度，歸為圖 1-1 中的 4 種類型，我稱為「個人規劃四象限」。這 4 種不同的狀態，不僅是人們

在面對早起這一情況時會出現的，也代表 4 類人應對當下與未來的不同行為模式，這 4 類人分別是：理想一族、自律一族、逃避一族、奮鬥一族。

橫坐標代表任務和價值，反映人們在完成一項工作時，是選擇關注任務本身，做完了事；還是關注任務背後的價值，從而自願承擔更大的責任，更自發、更投入地工作。

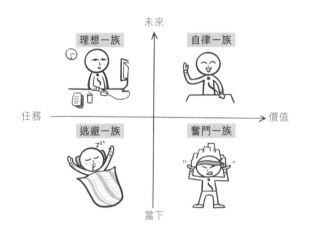

圖 1-1　個人規劃四象限

縱坐標代表當下和未來，反映人們做事時，是更關注眼前的一畝三分地，僅為了完成而完成，還是關注更長遠的未來、更遠大的目標。當然，採用這 4 種行為模式的人，在應對早起這件事情時，也會有不同的應對方式。

用逃避麻醉自己 🔍

逃避一族的典型表現是不願意、不想，甚至不敢面對糟糕的現狀（在大多數時候，現實並沒有他們想像般糟糕），所以他們選擇逃避。

逃避的原因有很多，比如，不想面對吹毛求疵的上司，不想約見愛找麻煩的難纏客戶，不想與「討厭」的同事相處，不想待在不舒服的環境中，等等。在面對自己不擅長、沒做過的事（比如答辯、演講、主持等）時，在壓力過大、待辦事項過多時，逃避也就成了他們應對事務的方式。

那些撲面而來的狀況，讓他們抵觸、焦慮、膽怯、退縮，他們下意識地尋找相對安全的方式來麻醉自己——能耗一秒是一秒，能躲一時是一時。他們常常幻想：最好今天遇到暴雨、停電，乾脆向上司請個病假，總之，最好不要面對。

更無奈的是，他們賴在床上，卻睡不着；拿着飯碗，卻吃不香；看着別人越來越好，自己卻遲遲不肯付諸行動，結果搞得自己越來越焦慮。愈不願面對愈無法面對，只能一逃再逃。

表面勵志，卻難以養成長期習慣

奮鬥一族看起來很勵志，他們會因為一些任務、想法或壓力而選擇行動。

公司近期有個重要的項目，老闆一大朝早打來緊急電話，他們就能瞬間爬起；重要股東要來公司視察，他們被迫 5:00 就從家裏出發，提前去安排、對接；公司委派他們出差，航班 5:30 起飛，不到 4:00 他們就坐上了的士，等等。

奮鬥一族一向積極樂觀，也善於關注事情背後的價值，甚至還具備一種品質——愈被質疑就愈充滿鬥志，但他們通常只聚焦於當下或短期任務，且常常陷入瑣事而不自知。他們享受挑戰帶給他們的緊張感和刺激感，一旦沒有新的任務和挑戰，或者環境不再適合他們維持這種亢奮的狀態，他們會覺

得單調乏味。他們需要成就感，渴望被認可，但當發現持續努力仍無法獲得期待的回報時，他們也可能後退，成為「逃避一族」。

理想是美好的，現實是殘酷的

理想一族的典型表現之一就是說得漂亮，做得潦草。他們寧願窩在梳發裏空想，也不願意衝到前線。他們對未來充滿希望，卻總是在現實中掙扎，這種兩極分化的狀態，使他們顯得好高騖遠。理想一族總是被小嘗試或短暫行動後的挫敗感打敗，這種受挫的經歷，使他們快速跌落至空想狀態。

他們大腦裏的潛台詞是：「明明我也可以，為甚麼不是我？」他們待在自己的小世界裏愈久，就愈覺得世界不公平。殊不知，美好的未來和現實之間的鴻溝，只有通過行動才能跨越。他們享受的是大腦中構建出來的幻想畫面，樂此不疲，卻無法解決現實問題，長此下去，理想終究只能是空想。

不是間歇式興奮，而是持久式精進

自律一族的自律並不僅是簡單的自我約束，而是一種攻守合宜的持續行動，是一種發自內心的行為。自律一族的確和以上三族不同，他們不像逃避一族，膽怯、畏縮，讓自己陷入惡性循環；也不像奮鬥一族，激情、亢奮，卻三分鐘熱度；更不像理想一族，精力充沛但只說不練。他們又可以像理想一族般對未來抱有美好的期待，像奮鬥一族一樣敢於直接挑戰且充滿活力，同時他們還能腳踏實地、持續行動。

他們有源源不斷的行動力，來自篤定的內心和明確的方向。如同習慣養成就是不斷重複一樣，自律一族做成一件事絕非一時興起，他們能夠走出間歇性興奮，在不斷行動與持續精進的過程中獲得成長。

了解了這 4 種類型的人應對未來的不同行為模式後，再回頭看 Ken，你會發現，他至少經歷了 3 個階段。

一開始，他是奮鬥一族，他清楚知道行動背後的價值，並且摩拳擦掌，真正付諸行動。繼而，他把自己悄悄變成理想一族，給自己列了待辦清單和行動計劃，但越來越力不從心，越來越缺乏行動力，以至於不得不面對一再失控的現實，這也使他的狀態越來越糟，變得只是空想，不願行動，最後，使自己成了最不想成為的逃避一族（見圖 1-2）。現實中，確實有不少人不斷退化，成為逃避一族。當然，這不是最可怕的，最可怕的其實是，你任由自己持續處於阻礙成長的模式中，不肯自救。

圖 1-2 Ken 狀態的演變

**喚醒時刻**

在成為自律一族之前，我想問你以下問題：

◔ 你目前處在哪種狀態？

◔ 在此之前，你經歷過哪些階段？

◔ 你打算如何幫助自己轉變？有甚麼標誌性事件令你印象
深刻？

使用喚醒「咒語」
進入最佳狀態

每一個人都有不同的社會角色

就像職業生涯規劃大師唐納德‧E. 舒伯（Donald E. Super）基於 20 年的研究成果繪製的生涯彩虹圖（見圖 1-3）中呈現的那樣，在現實生活中，每個人都有不同的社會角色和屬性，這些角色和屬性相互交織，甚至同時出現。我們在訓練自己成為自律一族的過程中，逃避、理想、奮鬥這三種狀態也會循環出現。

比如，我是一個職場人、一位寫作者、兩個孩子的媽媽、教練、講師，同時還是一名學生。這也使我在剛剛有了第一個寶寶時，也曾交替出現過逃避、奮鬥和理想這三種狀態。白天奔波於繁忙的工作場合，晚上在哄孩子睡後再爬起來寫報告，別人的週末是在娛樂和休息，我的週末卻在加班和進修。在這樣高強度的折騰下，心臟終於向我發出嚴重的警告，後來，聽了醫生的勸誡，我才開始有所收斂。

身體的警報讓我意識到盲目早起只會給自己帶來更大的麻煩，找到最適合自己的、不割裂的成長方式才是關鍵。

自律一族的判斷標準不是起床時間的早晚，也不是日程安排的多少，而是能否擁有不斷精進的方向。只有朝着這個方向，享受早起帶給自己的專屬時間，用這些時間進行刻意練習，以此獲得成長。

只有真正從投入時間這件事上獲益，我們才有可能長期幸福地堅持下去。

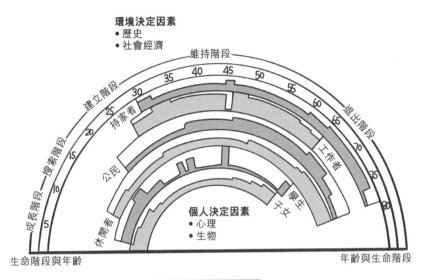

環境決定因素
• 歷史
• 社會經濟

維持階段

建立階段

搜索階段

成長階段

持家者

公民

休閒者

學生

子女

工作者

退止階段

個人決定因素
• 心理
• 生物

生命階段與年齡

年齡與生命階段

圖 1-3　生涯彩虹圖

怎樣才能既擁有方向享受時間，又能在長期投入中獲益呢？答案是：從變革公式（Change Formula）入手。

如圖 1-4 所示，變革公式包括三個必要因素，即對現狀的不滿（Dissatisfaction）、未來願景（Vision）、第一步行動（First Step）。當這三個要素的乘積大於變革阻力時，改變才有可能真正發生。這三個要素中有一方為零，則意味着變革失敗。

對現狀的不滿 × 未來願景 × 第一步行動

圖 1-4　變革公式

當你決定培養早起的習慣或是決定開始做某件事時，不妨將變革公式作為你的喚醒「咒語」。

03

設立行動計劃
持續不斷行動

找出不滿的真相，抓住阻力的源頭

很多人認為，改變就是要找到正確的方向，走正確的路，以便激發自己的動力，然後才能不斷前進突破。但大家忽略了，未來始終是個變量，而動力也並不持久，甚至會逐漸遞減。你不可能永遠充滿活力。只有看清阻力，你才能做出改變！

想要找到阻力的源頭，就需要從澄清對現狀的不滿開始。這方面，我們將通過兩個步驟、五條探索路徑，幫助你找到真相、突破局限，從而喚醒行動。

第一步，找到對現狀的不滿（Dissatisfaction）。

（1）我打算改變，是因為我對現狀有以下不滿：

_____

_____

_____

_____

_____

我們以 Ken 為例，Ken 的不滿也許來自：

> 公司裏到處充斥着不安全感，每個人都在抱怨，很多
> 人都在擔心自己被辭退……種種情形讓他意識到：「我
> 不喜歡這樣的氛圍，再這樣下去，我覺得自己也會變
> 得消極，也會被辭退，這不是我想要的。」

人們總能清楚知道自己不要甚麼，所以，每個人都可以很容
易找到自己內心的不滿。這些不滿可能是你的一種情緒、一
個想法、一句不愛聽的話，或是一處不喜歡的環境等。找到
不滿後，我們還需要不斷探究，因為不滿的背後還藏着真
相。不斷問自己：「這個情緒、這個想法、這個決定……背
後的真相到底是甚麼？」把背後的真相找到，我們才能真正
做出改變。

（2）這些不滿背後的真相（真正的不滿）是甚麼？

_____

_____

_____

_____

> Ken 看似是對公司的工作氛圍感到不滿，但其實更多
> 的是對自己不滿，他不想讓自己再這樣繼續下去，擔
> 心自己被淘汰、被替代……

如果你沒有狠狠地在某個地方摔倒過、吃過苦頭，你很難一
下子就下決心做出改變。只有當你對現狀的不滿已經強烈到
必須採取行動、馬上改變時，改變才有可能真正發生。所以，
為了檢驗你決心改變的迫切程度，不妨給這些不滿打個分。

1 分最低，代表即使不改變也不會對你產生甚麼影響；10 分最高，代表你已經迫不及待想要立即改變。

（3）面對不滿意的現狀，你有多迫切想要改變它？
請在圖 1-5 中做出標記。

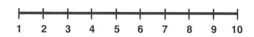

圖 1-5　對改變現狀的迫切程度

就像甩掉一隻惱人的蒼蠅一樣，當你改變現狀的迫切程度達到 10 分時，你毋須任何催促或外力，就已經迫切地主動尋找方法進行改變。

要記住，定義你的不滿其實是在定義那些讓你無法持續行動的阻力，而不是明晰你的目標。再次要提醒的是，很多人錯把這一步當作明確未來的發展方向（或是前進的目標），那是不對的。這一步只是要讓我們看清真正阻礙我們改變的是甚麼，讓我們半途而廢的是甚麼，讓我們恐懼不安的又是甚麼？等等。你在清楚最壞、最糟糕的情況將如何發展時，反而能更好地建構信心，從容應對。

知道不要甚麼，更要清楚想要甚麼

第二步，找到你的未來願景（Vision）。

1. 寫下你的未來願景

_____

_____

願景也可以理解為你想要創造甚麼樣的未來。比如,你希望自己半年後、1 年後,甚至 5 年後、50 年後成為甚麼樣子。

這類問題可能對於那些從來沒有在這方面思考過的人來說稍顯困難。但也請你先寫下來,讓自己看見。如果你實在不知道如何下筆,可以嘗試這樣寫:

「我希望自己在 _____ 歲時,成為 _____。」

心理學研究發現,**想像的場景、細節愈具體,夢想就愈容易實現**。當然,你想要實現的未來願景也可以是一幅畫面,甚至有着真切的、可以被觸摸到的五感。

比如,你在哪兒?周圍的環境如何?你能聽到甚麼?能看到甚麼?能聞到甚麼?畫面裏還有誰?他們在做甚麼?我願景中的畫面是這樣的。

> 在一個初夏的清晨,我像往常一樣 5:00 伴着晨光起床,在落地窗旁沖上一杯溫暖的牛奶,做一些伸展的運動。同時,用高科技的開放式廚房給家人準備營養豐盛的早餐,滿滿的都是小驚喜。
>
> 然後,到孩子的房間把他們逐個喚醒。家人們圍坐在一起吃過早飯,我駕車送孩子上學。下車前,他們會給我吻和擁抱,之後我來到自己的公司。
>
> 上午我會獨自工作,下午會安排一些交流或客戶會談。17:00 結束一天的工作後,我會留下 1 小時做瑜伽或其他運動,釋放壓力,為的是保持好心態的同時保持好的面貌與體態。回家路上,我接上孩子,到家為他們準備晚餐。飯後,一家人有共讀時光。22:00 洗澡後,一切歸於平靜。22:00-22:30 是屬於自己的私人時間,我會給自己列一份清單,梳理好明天的待辦事項,並在 23:00 左右進入夢鄉。

對於那些擅長暢想未來的人而言，天馬行空、無拘無束的想像是他們最熱衷的，但你也會發現，有些想像常常不着邊際。所以，要想讓這些願景得以實現，還必須遵循 SMRAT 原則（見圖 1-6）。

> 比如，我希望在半年內完成 10 萬字的書稿，除了週末和法定假期，大概只剩下 130 天，如此計算下來，我每天只要寫 770 字就可以。但我並不是只有這一件事情要做，我還要完成日常工作，要對接、溝通和協調其他事項；我還有許多人要見，也有自己的健身計劃、學習計劃和其他安排。此外，我還可能遇到一系列待處理的額外事項，比如修改書稿，所以我必須提前完成書稿的寫作工作。

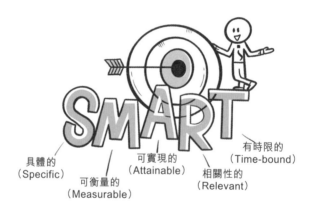

具體的
（Specific）

可衡量的
（Measurable）

可實現的
（Attainable）

相關性的
（Relevant）

有時限的
（Time-bound）

圖 1-6　SMART 原則

- S：未來願景必須是具體的；
- M：未來願景必須是可以衡量的；
- A：未來願景必須是可以實現的；
- R：未來願景與其他目標具有一定的相關性；
- T：未來願景必須有明確的實現時間。

我們都知道，即使計劃做得再具實和周密，也會出現突發，而大多數突發狀況通常無法被精準預測，那我們就必須學會預留相應的時間作為緩衝，並制定必要的應對措施。所以，為了確保更順利地完成書稿，我把計劃進行了進一步的前置性調整。

> 還是計劃在半年內完成 10 萬字的書稿（具體）這個目標。由於我之前已經長時間刻意練習寫作，現在平均每天至少可以寫下 2,000-3,000 字，這樣的寫作量耗時大概 1-1.5 小時，而且完全不耽誤完成其他事項（與其他目標有相關性）。那我給自己定的計劃是每天完成 1,500 字（可實現）。如果計劃在 2021 年 6 月 1 日開始，那我的書稿將在 2022 年 12 月 31 日前完成。
>
> 如果按照每天 1,500 字的速度，我只需要連續寫作 67 天就可以完成初稿，結合可能發生的突發情況以及週末和假期的安排等，我將計劃調整為在 3 個月內（也就是 90 天內）完成初稿。完成的同時，我會將稿件電郵給編輯，同步修改、調整。這樣我還可以利用最後的 3 個月再次修改，確保在 2022 年 12 月 31 日前全部完成（有明確的實現時間）。

「看見即實現」能夠幫助我們將目光投向未來願景，有效樹立自信，並有助於促使我們採取行動。但需要注意的是，即使明確了方向，列好了計劃，但實現目標沒有任何捷徑，你只能靠行動達成。願景不清晰必然導致行動步驟不清晰、動力不持久。所以，奮鬥一族依據 SMART 原則設立清晰的行動計劃，持續不斷地長期行動，才是我們要真正下功夫的地方。

04

一切阻力的超級變量——行動

想，都是問題；做，才有答案

第三步，邁出你的第一步（First Step）。

1. 寫下為實現未來願景而邁出的可行的第一步。

注意：這一步不需要太複雜，一小步即可。

＿＿＿＿＿＿＿＿＿＿＿＿＿＿＿＿＿＿＿＿＿＿＿＿＿＿

＿＿＿＿＿＿＿＿＿＿＿＿＿＿＿＿＿＿＿＿＿＿＿＿＿＿

＿＿＿＿＿＿＿＿＿＿＿＿＿＿＿＿＿＿＿＿＿＿＿＿＿＿

＿＿＿＿＿＿＿＿＿＿＿＿＿＿＿＿＿＿＿＿＿＿＿＿＿＿

沒錯，就是一小步，明確可行的一小步。你不需要對這一步有過高的期待，也不需要把這一步定得太難。嚴格來說，愈簡單的一小步對你達成願景愈有幫助。

你要確保這一小步小到不可能失敗。

假如，你計劃將起床時間從 8:00 調整為 6:00，建議你先從比平時早起 15 分鐘開始。通過幾週或者幾個月的訓練，你的身體和意識習慣新的節奏之後，再提前 15 分鐘……如此循序漸進地調整。

> 假如，你計劃每天運動 1 小時，那不如從要求自己每天「穿好運動鞋」開始。穿好運動鞋後，你才有可能走上幾步，等真正走起來，才有可能多走幾步……

不要太激進地行動，步伐邁得太大就很難長期堅持，而痛苦的堅持往往是加速失敗的原因。不要擔心那些所謂「盲目行動會帶來糟糕後果」的說法。你愈成熟，就愈會發現：錯誤的行動比一直等待有意義得多。

2. 習慣養成需要循序漸進

你已經找到了早起的意義和目標，也完全可以做到早起。如何養成早起的習慣，將是我們要探討的另一課題，這課題只能通過自己的持續行動得以實現。

在習慣養成的過程中，可能仍然會有人抱怨：「起是起來了，但精力不濟，頭昏眼花，狀態低迷，所以才會重新躺回床上。」其實，這並不是早起造成的，而是因為你太操勞。我們要學會休息，善用休息。

如果你實在感到疲倦，就要允許自己短暫小休。通常 5-10 分鐘的小休，甚至是短短的 30 秒的深呼吸，都能換來意想不到的精力恢復效果。過度操勞不但對養成習慣毫無幫助，還會讓你更加疲乏，愈做愈糟，不僅狀態變差，效率也會大打折扣。

當然，休息也需要掌握節奏和技巧，而養成早起的習慣不是一蹴而就。正如剛剛提醒大家的——訓練早起可以先從「每天提前 15 分鐘起床」一樣，凡事不要着急，太急反而毫無幫助。再大的事都要從小處做起，習慣的養成也是如此。你要做的就是立刻行動，然後相信時間的力量。

美好的一天由你開啟

記錄你的行動路徑 🔍

英國女作家夏洛蒂‧勃朗特（Charlotte Bronte）説過：「人們總得有行動，即使找不到行動也得創造行動。」

只有採取行動，我們才能看到行動後的路徑和可能產生的結果。這些行動路徑和結果就是數據，可以幫助我們不斷檢視自己的行為，鞏固、糾偏，直到養成習慣，因為數據不會説謊。現在請你有意識地根據接下來的每一個篇章的指引，記錄你的行動路徑，把它們裝進你的「24 小時時間導航」中，形成你的導航系統。

> 比如，我每天 5:00 起床，在 8:30 的 3.5 小時裏，可以做很多事情：梳洗後敷着面膜做一些簡單的運動，然後去寫作，等時間到了，叫醒孩子，一起吃早餐，接下來便開始一整天的工作和生活。

當然，我也會根據每天面對的不同情況，進行小量的調整。

> 比如，如果我今天必須花大量的時間進行寫作，那我會縮減運動量或調整運動方式，但基本的運動習慣仍然保留，只不過，我不會在運動上投入太多的時間。

正如開篇提到的，人生的不同階段會對應不同的週期，每一個週期需要關注的重心都不同，就如每一天我們需要面對的

任務、需要應對的挑戰不同一樣。靈活調整自己的節奏，妥善且自律地行動，才是最適合當下的解決方案。

給自己一個暗示和嘉許

在這個美好的早上，別忘了給自己內心一個積極的目標，從而開啟全新的一天，這在心理學中被稱為「自證預言」。

「自證預言」，又稱「自我應驗預言」，指的是人們總會在不經意間把自己的預言變成現實。你怎樣「預言」局面，局面就會怎樣發展；你怎樣期待自己，自己就會怎樣發展。實際上，給自己一個嘉許，使用積極的語言暗示，就是在運用「自證預言」為自己創造一個好的開始。

著名的政治家本傑明‧法蘭克林（Benjamin Franklin）每天早上都會問自己「我今天又會做甚麼特別棒的事？」，以此開啟自己全新的一天。大腦有時很遲鈍，有時也很聰明，你告訴它甚麼，它就選擇相信甚麼。所以，你也可以嘗試在早起後，先給自己一個暗示：「接下來要面對的一天，將是一生中最值得紀念、最重要的一天。」然後，全心投入在這24小時裏，看看會有甚麼驚人的不同吧。

任何習慣都是可塑的，你在不斷暗示和讚許的時候，就會依循習慣迴路形成一種新的行為。這個行為會在不斷重複的過程中被刻意訓練成我們真正想要塑造的習慣。

去影響每一天的質素

除了暗示和嘉許，我們還可以學會主動提升每一天的質素。哈佛大學組織行為學博士泰勒‧沙哈爾（Tal Ben-Shahar）曾經問過普通人和卓越的領導者一個相同的問題：甚麼事情能讓你進入巔峰狀態？普通人的答案可能是，當自己在工作中獲得成功的時候。比如，升職加薪時、完成了一項非常艱巨的任務時、妥善處理了客戶的故意刁難時等等。

讓人意外的是，有些卓越的領導者是這樣回答：「早上出門的時候，看見路旁的樹發芽了，感覺真好！」或者是這樣的答案：「來到公司看到大家熱情洋溢的笑臉，這種感覺很美妙。」有時，生活中的一些小點滴就能使人感動，讓人品味到幸福，甚至幫助我們達到巔峰狀態。

喚醒時刻

⟳ 你還可以嘗試哪些方式，幫助自己養成早起的習慣？

⟳ 你打算在這美好的一天開啟時，送給自己一句怎樣的暗示和嘉許呢？

本章要點 🔍

- 早上的時間是規劃時間。
- 變革公式被稱為組織發展的里程碑，也可以被稱為個人發展的里程碑。變革公式為：
  對現狀的不滿 × 未來願景 × 第一步行動 > 變革阻力
  需要注意的是，當公式左側三個要素中的任何一個為零時，變革阻力就會佔上風。
- 找到不滿背後的真相，用 SMART 原則明晰願景，邁出小到不可能失敗的第一步，以此降低變革阻力帶來的影響，促使改變真正發生。
- 一切阻力的超級變量是行動。
- 「個人規劃四象限」告訴我們，我們需要基於任務、價值、當下、未來這四個維度，思考為甚麼工作以及如何工作，從而達到最好的職場與人生狀態——既着眼於未來、關注價值，又專注於當下、完成任務。
- 給自己一個能量啟動鍵，讓當下的 24 小時成為最值得紀念的、最重要的一天。

CHAPTER 02

上午篇

專 注 的 上 午

獨立的工作上午進行，
協作的任務下午討論。

積極面對那些棘手、麻煩的難題吧，因為其中蘊含人生
最重大的機遇。

—— 拉爾夫 · 馬斯頓（Ralph Marston）

新起點效應

4 類新起點　保持動能源 🔍

你有沒有遇過這種情況：明明一大早有很多事要做，卻總是想着「再等一會兒，還有一整天呢」。腦袋裏不時有「等會兒再説」、「現在不急」之類的想法，最終一件又一件等着被完成的事，又躺進冗長的待辦清單。

但人們也會有一些特別的時刻動力十足。比如，新年的第一天、一個月的開始、每週的開始或者是生日、紀念日當天等。這些日子像「時間地標」，給我們帶來與眾不同的出發體驗，幫我們從日復一日忙碌狀態中脫身，給我們注入新的活力，這就是「新起點效應」。

其實，除了這些獨具意義的日子，在一天 24 小時中，也有許多類似的「新起點」，就像每個人都會在一天中呈現不同的精力狀態。我們的目的就是充分利用精力最好的時段，這不但有助於重塑活力，還能幫助我們大大提高時間效率。設計新起點就是設計自己的精力波峰，請參考以下 4 種方式，並將其記錄在你的「24 小時時間導航」中。

首先，我們可以按照自己的精力週期設計新起點。

1. 高精力新起點

以我自己為例，我的高精力週期主要集中在 4 個時間段，

分別是 5:30-8:30、10:30-12:00、15:30-17:30 以及 21:00-22:30。那我選定的新起點則分別是 5:30、10:30、15:30 和 21:00。

你完全可以根據自己的情況，記錄精力最佳的時段，並把這**個時段的開始時間點作為新起點**。這樣做不但可以幫助我們在這個時間點給自己強大的心理暗示，還能幫助我們保持良好的狀態，迅速切換至專注模式。

2. 小休後的新起點

在時間管理和精力管理中，還有一項重要的技能就是學會休息。這個階段的新起點是指休息後的時間點，而非休息前的。身體得到休息之後狀態會更好，也更容易重新進入衝刺狀態。

> 比如，我通常會在 12:00-12:30 午睡一會；12:30-13:00 再吃午飯，如果時間允許，我會在 13:00-13:30 散步。稍作調整後，14:00 可能是我下午的第一個新起點。

小休後的新起點

其次，我們還可以自己創造新起點。

3. 切換狀態的前後

比如，你可以選擇在倒水、上洗手間、簡單拉伸運動後、會議結束時或是散步之後，進入新起點狀態。這相當於幫助自己從一個狀態切換到另一個狀態，同時進行了簡單的調整。

4. 開始或完成某項任務的前後

人們在完成一項任務時，通常有兩個時間點動力最強：第一個時間點是剛剛開始的時候，第二個時間點是馬上到截止時限、衝刺的時候。所以，你也可以按照這個規律設計你的新起點。

開始或完成某項任務的前後

當然，當你按照這些方法設計新起點時，你可能發現其中某些時間點有所重合。沒關係，你只需要把重合的時間點標示一次就可以。接下來的任務就是善用它們，只有這樣，這些時間點才能真正成為幫助你重新出發的關鍵轉折點。

設計新起點還是一種自我管理策略，這個策略讓我們在面對棘手的任務時，提醒自己：「現在就是新起點，狀態最佳，行動力最強，請立即行動！」給自己一個儀式，開啟一個新篇章，你的專注力和潛力也會隨之被激活。

 **喚醒時刻**

⏻ 你為自己設計的新起點是：

_____

_____

設計好新起點後，請將標注在「24 小時時間導航」中（見圖 2-1）。這樣你就可以利用這些新起點，優先安排那些需要高度專注且更具挑戰性的高難度工作。

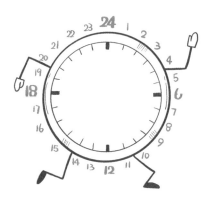

圖 2-1 24 小時時間導航之「每日新起點」

3 個小技巧，讓你在黃金時間創造價值

找到新起點後，我們再來看一看，如何善用早上的黃金時間？

日本精神科醫生、暢銷書作家樺澤紫苑提出：「早上起床後的 2-3 小時，是大腦的黃金時間。」他還進一步指出，智能眼鏡品牌「JINS MEME」對其五千名佩戴者進行了跟蹤調查。數據顯示，人在一天中專注力最強的時間段是 6:00-7:00。樺澤紫苑認為，這組數據有力地證明他提出的「大腦黃金時間」的觀點（見圖 2-2）。

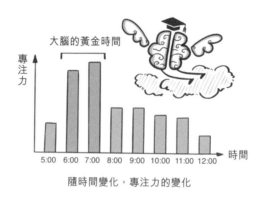

隨時間變化，專注力的變化

圖 2-2　五千名「JINS MEME」眼鏡佩戴者的專注力變化情況

我們應該如何充分利用大腦的黃金時間呢？以下有三個小技巧：

1. 充分利用大腦黃金時間

大家不難發現，早起雖然有助我們「獲取時間」，但不一定能幫助我們「獲得時間」。其實，「獲取時間」只是簡單地擁有了時間，「獲得時間」才意味着我們能夠有效地利用已擁有的時間，並讓自己在這段時間內發揮最大效能和價值。

現在，我已經是一名「自然生物鐘」早起者，不用藉助鬧鐘或其他方式就可以輕鬆早起。在早起後 3 小時的大腦黃金時間段，我給自己安排了閱讀和寫作這類學習任務。我傾向於先把這些需要充分使用大腦資源的事項排在大腦黃金時間段完成。如果你也有需要高度專注且費腦思考的事情，不妨嘗試稍早起床，利用你的大腦黃金時間段完成它們。

2. 利用交通時間，做好自我投資

在時間維度上，還存在一種狀態，那就是**身體受控，大腦卻不受控的狀態**；這樣的情景很常見。比如，你要去上班，那麼你的身體就不得不被「限制」在巴士、地鐵等交通工具上，但大腦不會受當下物理環境所限，它可以聽從你的差遣、被自由支配。

上班一族在交通上所花的時間越來越多，不少人每天交通時間達 3-4 小時，而交通時間絕對是值得好好利用的「自我投資時間」。其實，大部分人已經開始選擇在這段時間看書、學習、聽課等，不斷提升自我。

如果你像我一樣很早起床，那麼花 15-30 分鐘在上班途中小休，也是一個不錯的選擇。抓緊休息一下，幫助自己保持良好的精力，迅速恢復狀態。或者，你一直有未完成的運動計劃卻總是沒有時間去健身室，就可以在交通時間鍛煉。比如，讓自己多站立、盡量步行等等。你還可以乘車時處理好友、客戶的訊息，或做一些聯絡工作、列出當天的工作計劃等等。

3. 預留獨立工作時間，和自己「開會」

我在跟隨導師查理．佩勒林博士（Charles Pellerin，PhD）學習的時候，他分享過一個時間管理的重要技巧：**每天預留 2 小時，和自己開會。**

查理博士曾在美國太空總署（NASA）工作，任天文物理學部門主任。NASA 的工作節奏快，每個人都在馬不停蹄地忙碌，而且大量的時間被需要協同的人佔用。在這種情況下，想要擁有屬自己的時間和空間實屬不易。即使如此，博士依然堅持告訴秘書：每天給自己留出 2 小時「開會」。

在這 2 小時裏，他誰也不見，也不安排任何多人的會議，而是把自己關在辦公室裏，獨自處理工作。為了避免不必要的麻煩，他告訴秘書，一旦有人來找他，就回覆說，「查理正在開會」。實際上，我確實在開會，只不過我是在和自己開會。他笑說。

的確，我們都需要這種「和自己開會」的好處，把掌控時間的主動權贏回來。這樣做的目的只有一個——為自己設計一個不被打擾的時段。建議盡量把這個時段預留在大腦黃金時間的 2-3 小時內，或者你最高效、精力最佳的 1-2 小時裏。

此外，你是否真正擁有「和自己開會」的時間，取決於能否給自己創造一個不被打擾的空間。這個空間可以是掛起「請勿打擾」提示牌的房間，也可以是一間小小的會議室，還可以是茶水間、訪客區的餐枱等等。如果找不到符合要求的「小角落」，那你可以自己創造一個空間，好像那些追求效率、專注做事的人，通常都是默默抱着自己的筆記本、旁若無人地工作的。

當你主動自我沉醉，不受外界干擾時，你就擁有自己說了算的空間，獲得屬於自己的時間。重要的是，別忘了充分利用時間。

獨立的工作上午進行，協作的任務下午討論

> 如果你想去醫院，最好上午去；如果你想和老闆談加
> 薪，最好上午談；如果你想讓自己的建議被採納，最
> 好上午溝通……

這些建議你應該看過不止一次，為甚麼會出現這種情況呢？

美國杜克大學醫學中心在研究了 9 萬份發生麻醉不良事件的
手術資料後，得出的數據顯示，手術失誤率在早上 8 時為
0.3%；9 時為 1%；在下午 3 時至 4 時則上升到 4.2%。康
奈爾大學的研究人員在分析了來自 80 多個國家 200 多萬人
的 5 億條推文後發現：「不論地域、宗教、種族，人們的正
向情緒都在上午增長，下午大幅跌落，晚上又回升。」人們
在不同時段的狀態也不同。

早晨到中午期間，人們會越來越專注。在中午達到高峰後，
專注力就會逐步下降，精神也會逐漸萎靡，直到傍晚，狀態
才慢慢恢復。隨着能量和精神狀態的起伏變化，人們的情緒
和決策質量也會有所不同。

人類大腦中有一個叫「丘腦網狀核」的組織，它就像一個注
意力開關，一旦被打斷，少則幾分鐘，多則 47 分鐘才能接
回。所以，我們每一次任務切換都有可見的時間成本，而
那些比較困難的任務，通常需要人們持續專注 50 分鐘甚至
更長的時間才能完成。很多人雖然在工作中付出很多，但
始終缺乏成就感，這是因為他們的時間被切成了大量的片
段，注意力也不得不持續地從一項任務切換到另一項任務。
所以，建議你在上午保持專注，同時，還要學會拒絕外部
干擾，並向外發出訊號：獨立的工作上午進行，協作的任
務下午討論。

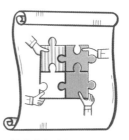

獨立的工作在上午進行　　　協作的任務在下午討論

雖然獨立工作和協作工作的界限並不清晰，但劃分界限的原則就很簡單。問問自己：**要交付的是成品還是半成品？** 成品代表直接交付，不用經過其他環節；半成品意味着還需要別人再加工，再生產。以提交一份年度總結報告為例：

> 如果這份報告是你個人的年度報告，那它看起來就是一件成品，因為報告需要闡述的是你自己的工作業績，不用其他人的支持就可以完成。如果你是一位部門助理，要為整個部門撰寫年度報告，那你的年度報告可能是半成品。
>
> 為甚麼呢？因為你可能需要收集大量的數據以及歷年的趨勢分析，甚至要與部門內外的成員溝通，才能完成這份報告。當然，這裏還會出現第三種情況，比如你已經在此前的 3 週進行大量的協作溝通，而今天的任務只是將以往的所有內容整理，那這項任務需要提交的可能就是成品，而你將回歸獨立的工作。

我們需要學會清晰界定自己的工作任務，以便安排相應的時間匹配，制訂高精力的專注週期計劃，高質素輸出成果。

 **喚醒時刻**

梳理一下你的任務安排，嘗試以獨立、協作為標準對其分類。

⏻ 思考：有哪些任務看起來屬協作工作，但必須自己獨立完成？又有哪些任務看起來可以獨立完成，實際卻需要很多人協作才能夠實現？

獨立任務清單	協作任務清單
•	•
•	•
•	•
•	•

02

寫下來
意味着開始跑起來

你必須先讓計劃被看見

中國內地有一個節目叫《最強大腦》,當中有個重量級嘉賓王峰就是個天才,很多人認為只有天賦異稟的人才能成為「世界記憶大師」。其實不然,而且王峰也並非天生如此。

王峰的家境非常普通,小時候,父母在外地工作,他由嫲嫲一手帶大。在大學二年級之前,他還只是一個普通的大學生,甚至受到記憶力問題的困擾。不同的是,他僅用了半年時間,就實現了從普通人到世界記憶冠軍的轉變,甚至在國際賽場上以一敵二迎戰德國隊。接受採訪時,他特別提到與德國記憶大師比拼記憶骰子的細節。

他的記憶方法是,將骰子轉化成數字,再對應相應的形象,最後轉化成故事。比如,1534,15 對應的是鸚鵡;34 對應的是沙子,而他對應存儲這組訊息的地方是「梳發」,那麼他腦子裏想到的就是:梳發上有堆沙子,一隻鸚鵡飛來停在沙子上,撲騰翅膀,把沙子弄得到處都是。提取 1534 這組訊息時,想起這組形象、場景和故事即可。

你會發現,在整個記憶過程中,他使用了編碼記憶、聯想記憶、圖像記憶等方法,通過給數字編碼,發揮想像力,啟

用與意象相關聯的畫面，從而「打樁」❶，形成記憶宮殿，幫助自己提取記憶。當然，我們今天討論的並不是如何記憶，也不是要把所有人培養成世界記憶大師，我只是想告訴你——大腦最擅長視覺化！

如同王峰把這些數字轉化成故事畫面一樣，新精英生涯的創始人也曾提到：「據神經科學研究發現，大腦中有 70% 的神經都與視覺有關，即大腦活動總量的 2/3 都用於支持視覺功能。」因此，曾有人說，我們擁有一個視覺大腦。

想要了解視覺大腦，就必須先了解大腦運作的基本原理。

早在 1950 年，美國神經生理學家保羅·麥克萊恩（Paul D. MacLean）博士在《進化中的三層大腦》（The Triune Brain in Evolution）中提出了著名的「三腦理論」。他指出，人類有 3 層大腦，它們功能各異，一層包裹一層，人類正是在這 3 層大腦上構建思維系統的。這 3 層大腦分別是爬蟲類腦（腦幹）、哺乳類腦（邊緣系統）和人類腦（大腦皮層）。

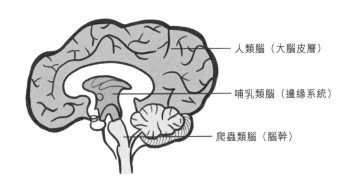

人類腦（大腦皮層）

哺乳類腦（邊緣系統）

爬蟲類腦（腦幹）

圖 2-3　三層大腦系統

❶ 「打樁記憶法」就是把要記憶的東西和熟悉的事聯繫起來記憶的方法。在回憶要記憶的事物時，我們可以通過先回憶熟悉的事物，然後通過預先設定的聯繫回憶起需要記憶的事物，這些熟悉的事就像樁子一樣，把需要記憶的東西牢牢釘住，故被稱為「打樁記憶法」。

爬蟲類腦主要負責維持生命大部分的基本功能，它能迅速反應以保證自身安全。比如，我們感覺到餓就會找食物吃；感覺到累就想休息；遇到危險就要奮力戰鬥，要麼乾脆僵住，要麼迅速逃跑。

哺乳類腦主要包括杏仁核和海馬體，主管情緒和感覺功能，是情感中心。各種訊息從這裏出發，前往大腦的其他部位。這也是愛、憤怒、害怕等不同情緒會觸發人類不同行為的原因。

而大腦皮層是人類特有的高級系統，也被稱為視覺腦，掌管大腦絕大部分的智力，擁有 16 萬億相關聯的神經元，佔據了腦容量的 2/3。正是由於大腦皮層的前額葉尺寸大，結構複雜，非常擅長未來規劃，它賦予了人類一項特別的能力——在參與某項具體活動前，先在頭腦中形成想像中的畫面，進行排練。

馬雲曾説「先相信，再看見」一樣，所有的事都是先發生在大腦裏，再發生在現實中。所以，想要實現計劃，你必須先讓計劃被看見。

黃金「三分法」，助你定計劃，促行動

在你的日常工作和生活中，至少有 60% 沒做的事，不是因為你做不到或故意不做，而是因為沒看見、忘記了。

比如，你收到好友發來的訊息，卻忘了回覆；同事給你發了電郵，但那封已讀未回的郵件就躺在你的郵箱，被你「無視」；別人約你吃飯，你卻忙到飯點才想起來，然後匆忙趕過去……類似的事情一多，不但會影響人際關係，嚴重時還可能給你貼上「不可靠」的標籤。所以想要變得更可靠，經常忘記絕對應該避免。

雖然「蔡格尼克記憶效應」（Zeigarnik Effect）會讓我們對未完成的事情印象深刻，但事情堆積多了難免疏漏。所以，應對遺忘的一個技巧就是：**把待辦事項寫下來，讓自己看見。**

「寫下來」不僅是使用手機 App 記錄，畢竟，我們的自制力再強，手機裏無處不在的訊息干擾源有可能隨時吸引我們的注意力，而手寫這種方式雖然非常原始，但可以充分刺激大腦，激活我們的創造力。

英國普利茅斯大學的心理學家傑姬．安德雷德（Jackie Andrade）曾在一項實驗中發現，在筆記本上隨意塗鴉能讓人的記憶力提高 29%。塗鴉會刺激大腦皮層，使大腦處於活躍度較高的水平，更容易接受和理解訊息，寫下來的事情還會自動轉化到潛意識中，等於觸發了身體記憶，打開了大腦的深層開關，在整理思路的同時，大大增加了完成這些事項的可能性。

可能很多人會說：「把待辦事項寫下來，我每天都在這樣做。」但你有沒有想過使用世界頂級精英親身實踐的「黃金三分法」，將你的待辦計劃提升一個檔次，真正觸發行動去完成計劃中的事項？

黃金三分法之一
埃森哲公司的 Point Sheet

作為全球最大的管理諮詢公司之一，埃森哲使用的是一種名為 Point Sheet 的黃金三分法表格（見圖 2-4）。表格由上方的「題目」、左側的「重點」、右側的「行動」三部分組成。

左側部分用來記錄重點，右側的部分用來記錄基於重點應採取的行動。這樣，我們可以按照「重點→行動」的順序由左到右將事項逐一細化、整理並一一對應。

以往，我們只列出計劃，卻沒有分解行動細則；現在，我們

可以將重點對應的行動步驟也梳理清楚，這樣一目瞭然，能幫助我們馬上開始行動。

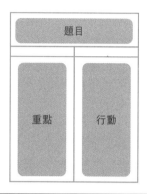

圖 2-4　埃森哲公司的 Point Sheet

黃金三分法之二
麥肯錫公司的「空·雨·傘」

《從麥肯錫到企業家》一書的作者田中裕輔曾說，「在麥肯錫，所有思考都需嚴格按照『空·雨·傘』這三步執行。麥肯錫公司的「空·雨·傘」同樣也是黃金三分法，如圖 2-5 所示。

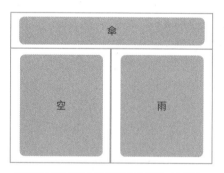

圖 2-5　麥肯錫公司的「空·雨·傘」

空：是指認清現實，對應的是現在的情況；
雨：是指對這種情況的解釋；
傘：對應的則是依據解釋將採取的行動。

比如，當你抬頭看天，發現天色昏暗、烏雲密佈（現在的情況），你判斷説「好像要下雨了」（對情況的解釋）；所以，你決定帶傘出門（依據解釋將採取的行動）。

這種方法看似簡單，但要做到始終堅持如此思考，卻需要刻意訓練，而麥肯錫的諮詢顧問正是運用這種簡單至極的思考方法，逐步落實了每一項行動。

黃金三分法之三
24 小時時間導航

「24 小時時間導航」同樣運用了黃金三分法，它包含 3 個不同的區域：計劃區、靈感區和複盤區，如圖 2-6 所示。

1 首先是計劃區，即「每日清單」，主要用來梳理當天的待辦事項以及細化的行動細則。

2 其次是靈感區，即「靈感加速器」，記錄每天的閃光一刻（靈感和想法）。這個部分常常被大部分人忽略，但它極為重要。記錄規則非常簡單，本節會具體説明。

3 最後是複盤區，它同樣是極其重要的部分，包括「每日成就時刻」、「每日新起點」與「每日複盤」。

> 每日成就時刻，用來複盤、錨定當天的小成就，幫助自己每天進步一點點。

這個部分類似於麥肯錫公司「空·雨·傘」中的「傘」，是複盤一天的情況後提煉出來的一項重要小成就；當然，它也可以是你在一天開始之前就決定要完成的重要事項。

> 每日新起點，用來複盤、錨定當天的高精力週期（高精力時間點與時間段）。

日期：_____

☰ 每日清單

📸 每日成就時刻

_____

_____

⏱ 每日新起點

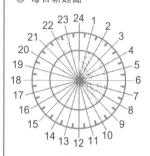

📊 每日復盤

www 今天做得好的三點

•

•

•

EBI 還可以做得更好的一點

•

💡 靈感加速器

❤ 愛自己的微小行動

圖 2-6　24 小時時間導航

我們已經在本章第一節詳細梳理過這個部分，你還可以通過每天記錄、修正，逐步明確專屬你的高精力週期，有效利用精力最佳的時間段。

 每日複盤，你可以運用 WWW EBI 專業教練方法，複盤當天的收穫與成長。

WWW 代表每天做得好的三點，EBI 代表還可以做得更好的一點。

列好計劃並不難，難的是運用「黃金三分法」把複雜的內容從大腦中移除，確保大腦在保持良性運轉狀態的同時，還能防止自己被那些突發、新增的訊息分散注意力。這樣，你就可以回過頭來，從觀察者的角度詳細分析你列出的待辦清單，清晰地梳理每日規劃，同時完成它們，讓自己的每日精進可視化。當然，如果有臨時安排闖進來，別忘了及時記錄下來。隨時把大腦清空，千萬別負重運轉。

 喚醒時刻

請把一天的待辦事項和計劃安排從大腦中取出來，放進你的「每日清單」中吧！

奇妙的靈感，來自腦袋和筆尖 🔍

正如前文提及，你在紙上寫的時候，同時也是在思考、想像和運動。因為，除了那一刻正在寫的內容，你無法同時思考和關注其他事情，不得不將精力聚焦在一個點上，是大腦和手指之間發生的最奇妙的事情，有助培養和訓練專注力。

當你拿起筆時，好的創意、靈感也會被激發，你要做的就是把這些冒出來的想法記錄下來，放入圖 2-6 左下角的「靈感加速器」中，它們可能就是你當下乃至未來的成長引擎。正如最具傳奇色彩的億萬富翁理查德‧布蘭森（Richard Branson）所說，如果你有一個想法但是沒有馬上寫下來，那這個想法也許就永遠消失了。

考慮到攜帶紙、筆的不便，加上如果你是一個隨時隨地都可能靈感迸發的人，那你完全可以利用手機上的各類 App 及時記錄靈感。

謹防靈感殺手，拆掉枷鎖

當你有新想法、新靈感時，你還要留心以下反應。

- 不實用；
- 永遠不會起作用；
- 花費太多；
- 這個想法和目前做的事情沒有關聯性；
- 我還沒有想好、想透；
- 想法很好，但我沒有這個精力；
- 他們試過，但沒用；
- 我的老闆不會同意；
- 這不是我們的行事風格；
- 我們沒有人力、資金、時間、專家、空間、系統；
  等等。

這些反應被我稱為「靈感殺手」，靈感一旦被扼殺，就沒有機會變成現實。事實上，這些「殺手」的出現並不可怕，它們稀鬆平常。重要的是，你依然要堅持讓靈感躍然「紙」上，並堅持這樣做。

用視覺和邏輯激活大腦

圖像、色彩等也是激活大腦、讓大腦發揮更大潛力的重要方式，這也是優秀的職場人應該學會使用 PowerPoint、Excel 等軟件展示圖表、數據以及畫面的原因。我自己最喜歡拿起筆劃視覺筆記、思維導圖，我常用它們梳理計劃、進行記錄。本書中的很多插圖，也在通過視覺呈現的形式幫助我們開發大腦，激活大腦。

我們應該如何運用視覺方式激活大腦呢？

《餐巾紙的背面》一書的作者丹·羅姆（Dan Roam）就是一個運用視覺和邏輯解決問題的高手。他認為，幾乎每個人都可以畫上幾筆，並且幾乎每個問題都可以被歸結為以下 6 個要素（4W2H）並加以解決，如圖 2-7 所示。

- 誰 / 甚麼（Who）：人、角色；
- 有多少（How many）：數量、頻率、增長；
- 在哪裏（Where）：方向、趨勢、站位、歸屬；
- 甚麼時候（When）：計劃、順序、進度；
- 如何做（How）：方法論、要素、流程；
- 為甚麼（Why）：關於整個系統的展示。

你完全可以從圖 2-7 中的「六要素」出發，嘗試運用畫面、邏輯呈現並解決它們。正如丹·羅姆建議的那樣，當我們可以從「六要素」出發觀察或解決問題時，實際上就利用了我們的雙眼和思維來看整個世界；當我們把某一問題看成這 6 個既相互獨立又相互聯繫的要素時，也就找到了解決問題的路徑。

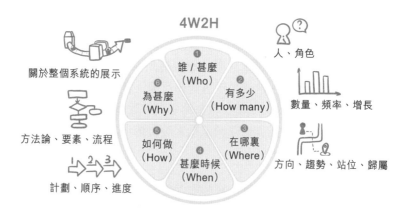

圖 2-7　視覺六要素（4W2H）

當然，並不是每個問題都要把這 6 個要素逐一完整地呈現。你完全可以從問題中找出幾個必要的維度，有邏輯、形象化地把它們展示出來。

喚醒時刻

☉ 你會嘗試使用哪些方式激活你的視覺腦？
不妨寫下來，讓它們被看見。

03

主動出擊
不要被動應對

為自己的每個 100 元負責

我的導師查理．佩勒林博士曾在課堂上帶大家玩過一個小遊戲。

> 那是在一次課程現場，他從上衣口袋裏掏出一張 100 元紙幣，走到我們中間，順手把那張紙幣放在面前的桌上，轉頭問大家：「誰為這 100 元負責？」現場一共有 300 多位夥伴，大家都看着他，卻鴉雀無聲。接着，他又問：「誰為這 100 元負責？」過了很久，還是沒有人回應，等他最後一次説出「誰為這 100 元負責」的時候，十幾個人突然起身，往桌子的方向衝去。最後，兩位夥伴衝上去「爭搶」了一番，一個女孩勝出。只見，博士認真地看着她説：「這 100 元歸你了。」現在想想，這個遊戲竟然是一場測試。

修煉「Z 計劃」

現實中的很多事情就像那張 100 元的紙幣一樣，招呼都不打就飄到我們面前？雖然我們並不能準確預測這 100 元到底意味着甚麼，但我們可以選擇用甚麼方式去迎接它。也就是説，不管它是機會還是挑戰，**你得先主動走過去，才有可能爭取到它**。正如很多人説，一個人願不願意為工作負責，關

鍵要看他喜不喜歡自己的工作。但事實是：在工作中，只要有 20% 的時間在做喜歡的事情，人就能更投入，也更願意負責。相反，對工作的喜歡程度低於 20% 的時候，逃避感才會逐漸上升。

你遠比自己想像的要喜歡那些你原本認為自己不喜歡的工作（這句話雖然有些拗口，卻真實存在）。我們應該如何將「不喜歡」轉化為「喜歡」，迎接那些謹防的「100 元機遇」呢？建議你採用修煉「Z 計劃」，如圖 2-8 所示。

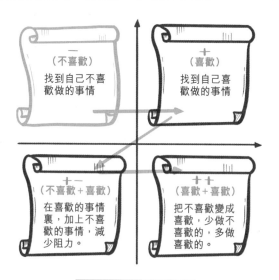

圖 2-8　修煉「Z 計劃」

修煉「Z 計劃」可以遵循下面三步：

- 第一步，在「−」欄，列出你不喜歡做的事情；在「＋」欄，列出你喜歡做的事情。
- 第二步，在「＋−」欄，開始嘗試把喜歡做的事情和不喜歡做的事情進行組合，一起完成。

> 比如，你不喜歡寫報告，但你喜歡和他人面對面交流。那你就看看能不能增加和他人面對面交流的機會，然

後把交流心得寫成報告，呈現並反饋給需要的人，這樣既完成了任務，又運用了自己喜歡的方式。

在「＋－」組合的過程中，你會慢慢產生興趣並樹立信心，變得不再抵觸那些看來不喜歡的事情，進而不斷取得成果。

- 第三步，在「＋＋」欄，通過調整，一些你不喜歡的事情慢慢變成了喜歡的事情，或者即使某件事你仍舊不喜歡，卻可以通過不斷取得成果，將其轉變為對自己有正向激勵的事。只要是具備正向激勵的事項，都可以歸入這一欄，這也是「＋＋」的體現。

比如，你喜歡與別人交流，也喜歡做筆記，但仍舊不喜歡寫報告，那你就可以找到那些能夠為你的報告提供建設性思路的對象，並把你們交流的內容整理出來，用筆記呈現。這樣既可得到大家的認可，你也會更願意去做，你還能享受到當中的成就感。

不斷訓練後，你會發現，當你把那些不喜歡做的事情放在喜歡做的事情裏完成的時候，你將不再抗拒它們。通過慢慢積累的小成就，你會愈發自信，並真正喜歡上那些曾經極為抗拒的難題。畢竟，人在一件事上收穫愈多，就愈願意投入，而人在一件事情上投入得愈持續，就愈有收穫。「Z 計劃」的目的就是為你創造條件，幫助你持續專注地做那些自己喜歡且擅長的事情，持續獲得想要的結果。

喚醒時刻

請參照圖 2-8，設計屬於你的「Z 計劃」清單，並在「＋－」和「＋＋」欄內寫下你的組合計劃。小提示：你還可以把這些任務寫在便條貼到相應的位置，以便隨意組合和調整。

別等着被安排，主動找活幹

再講一個我身邊的人親身經歷的故事：

> 小 R 是世界百強名校的畢業生，剛畢業就順利拿到人人艷羨的入職通知；但沒想到，他找到我時特別苦惱。原來，在不到半年的時間，跟小 R 同期加入公司的同事不是加薪就是升職，雖然他的業績比別人好，但好事總也輪不到他。
>
> 小 R 確實具備一些獨特的優勢（形象好、名校畢業、語文能力高），平時工作敬業，任勞任怨，能夠按期完成上司安排的任務，工作也沒出現過甚麼大的錯漏。但細聊之下才發現，平時的他從不主動彙報工作。他一直認為，即使自己不說，上司也應該清楚。
>
> 找到問題重點後，我鼓勵他「找個時間和上司談談」。一個星期後，他告訴我，他最大的問題就是不夠主動。溝通中，上司評價他做事認真、踏實肯幹，但極少主動交流。而他的同事之所以能夠得到升職機會，因為他們能讓上司和同事在第一時間了解工作進度，還常常主動解決難題。小 R 說：「其實，我沒被提拔也正常。上司和同事都很忙，有很多事情要處理，需要有人主動承擔責任，解決難題。」

主動讓他人看到你的價值，這些價值才有可能被放大。要注意，很多人常常錯把價值大小和任務大小畫上等號，這是非常危險的。價值的大小不取決於任務的大小，甚至不取決於任務的難易程度，它取決於實際的需求。

在一家企業服務了 10 年，不代表你擁有 10 年的經驗，也許你只不過是將 1 年的經驗重複了 9 次而已。只有當你創造了高於目前職位的價值，你才有可能獲得晉升。所以說，別

把自己釘在門廊的椅子上，別等到痛得不行了才想站起來走開，而是要主動站起來，主動找活幹，主動承擔責任，這才是我們應該反覆增強的意識和能力。

喚醒時刻

你有沒有想過，除了既定任務，你還應該主動請纓完成哪些事情呢？

運用 DONE-E 法則，做好承諾的事情

現在，我們已經列出了需要完成的所有事項，但是沒有完美的時間計劃表。我們必須事先做計劃安排，但如果把計劃表制訂得過於詳盡，也不是明智之舉。

有許多「幾近完美」的計劃表，表單裏密密麻麻羅列着待辦事項，甚至連休息、上廁所的時段、時長都被列了出來，給人一種連喘氣的時間都沒有。這種計劃表只會讓大多數人感覺壓力倍增，激情全無。其實，計劃並不一定要制訂得很完美，我們完全可以遵循 DONE-E 法則，毫無壓力地用好我們的 24 小時，如圖 2-9 所示。

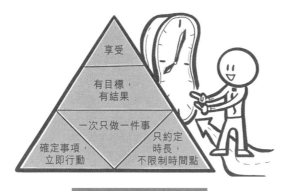

圖 2-9 「DONE-E」法則

D：行動（Do）
將時間安排固定下來，必須遵守，立即行動

比如，你和別人約好開會、培訓、聽講座或擔任嘉賓等，這些事與他人有關，通常是被提前確定的安排，這類安排一般不會輕易改變。所以，你要做的是，在計劃表內把這些時間預留出來，其他突發情況都要為此事讓路。

O：唯一（Only）
一次只做一件事

很多人會活在多種任務的幻覺中，證明自己具備某種超凡的能力，真實情況常常是把自己弄得疲憊不堪，創意盡失。多任務模式不但無法幫助我們有始有終，而且那些不斷被轉移的注意力，還會導致我們一天下來疲憊不堪；即使可以按期交付結果，質素也有可能大打折扣。長此以往，出錯率也會越來越高。所以，不要高估自己的意志力，一次做好一件事即可。

N：決不（Never）
只約定時長和結果，不限制具體的時間點

除了必須在固定時段內完成事情，大多數事情是要必須完成的，但並非要在某個固定的時段內完成。那這類事就不用嚴格規定完成時間，靈活安排即可。

你完全可以採用規定時長、設置任務量的方法來做規劃。根據自己的狀態，在合適的時段，投入相應的時間，達成想要的結果。比如，健身 20 分鐘，寫作 500 字，讀書 10 頁……這類任務只要能在一天內完成，不必限定必須在何時進行。此外，你還可以在身體受限，但大腦不受限的時段內同時完成 2-3 件事。

當然，「決不（N）」和「唯一（O）」並沒有衝突。要注

意的是，在身體與大腦可以被同時調用的情況下，一個時段內並行處理的事情也不要超過 3 件，實際上 2 件就已經非常不錯。並行處理的工作一旦多於 3 件，你的工作節奏可能會被打亂，反而影響效率，也不利於訓練專注力。

E：有目標、有結果（End）
確保所有事項有目標，有結果

現在你要開始檢驗一下所有的時間安排是否都有清晰的目標，是否都有需要達成的結果要求。要盡量確保它們都與你相關，刪除那些不相關的事項。

> 比如，對一名實習生而言，幫別人訂餐、取餐這些事可能與自身相關，因為可以藉此熟悉環境，與同事聯絡感情；而作為一名中層管理者，要做的就不是幫別人訂餐、取餐，而要把時間花在更重要的事情上。

活在當下，但必須對自己的未來負責。請好好思考以下問題：

* 你希望在哪些事上投入時間、花費力氣？
* 哪些事與你現在以及未來相關，卻在列計劃時被忽略了？
* 哪些事對現在重要，但對未來不一定有太大意義？

我們可以每天找一項「只要做好就能給其他事帶來益處」的任務，不需要太多，一項即可。哪怕你今天只專注處理了這一項任務，也比左抓一把，右抓一把，手忙腳亂卻毫無成效好得多。

E：享受（Enjoy）
享受屬於你的時間，適當留白

享受不是吃喝玩樂，無所事事，而是毫無負擔地自願投入其中。紅杉資本全球執行合夥人沈南鵬在接受採訪時，提到自己身上的 3 個特質對取得成就尤為重要，其中之一就是享

受。他説：「無論是最初到華爾街、後來創業，還是到紅杉做投資，過程中我都很享受，也一直在學習。」

其實，很多商界人士都是「享受」理念的支持者和踐行者。曾任 3 家創業公司聯合創始人兼 CEO、現任谷歌雲計算部門總裁的黛安娜・格林（Diane Greene）在分享創業經歷時曾説：「創始人就是要享受建設的樂趣，享受創造價值。因為，熱愛所做之事的奉獻精神會為你提供養分，它會令你感到滿足，讓你不再害怕失敗。」

所以，無論如何，尊重並享受你正在做的事，認真對待它們。把每天 24 小時當作正式的人生遊戲，你自己就是那個闖關升級的玩家。在闖關升級的過程中，一定還會出現始料未及的情況，畢竟那些臨時任務總是不打招呼就闖進來。所以，別忘了給自己保留一些彈性時間。最簡單的方法就是在制訂計劃時，為自己預留一些時間。這些預留的時間，相當於全副武裝、隨時待命的士兵，等着你的調遣，以便幫助你從容地應對突發狀況，擁抱變化。

04

別讓這些
拖了你高效的後腿

┌─────────────────┐
│ 番茄工作法 🔍 │
└─────────────────┘

我們已經列出清單,並且開始專注工作。在訓練專注力方面,「番茄工作法」是一個重要的工具。它的強大也絕不僅是治癒人的拖延症這麼簡單,「番茄鐘」在培養專注力、提高專注力上絕對卓有成效。番茄鐘的使用方式並非只有「工作 25 分鐘,休息 5 分鐘」這一種。要想清楚這一點,我們得先了解到底如何使用番茄鐘。

番茄鐘的使用方法非常簡單,只需以下 3 步:

- 在你列出的「每日清單」裏,選擇一項需要完成的任務;
- 評估完成這項任務所需的時間,然後設置相應的番茄鐘;
- 確保自己保持專注、不被打斷,直至完成這項任務。

如果這項任務太難,你可以設置多個番茄鐘,並按照「專注→休息→再專注→再休息」這循環完成任務。看似簡單?但在使用番茄鐘時,往往沒有計劃般美好。番茄鐘的作用有兩個:一是訓練專注;二是訓練停下。訓練專注容易理解,就是讓自己在一段時間內只聚焦一件事,保持專注,不被打斷。

而訓練停下就更有意思。比如,有一則對番茄鐘的評價:「真相是,番茄鐘是用來管理自己的慾望,不是對抗慾望。藉

助番茄鐘集中精神學習 25 分鐘，還不如拿它管理自己玩遊戲──25 分鐘到了就立即停止。」最後他還補一句：「這樣，你起碼不會在某天悄悄扔了番茄鐘。」

亦有人說過，設置番茄鐘只會讓她更緊張，因為時間流逝帶來的緊迫感不但無法讓她專注，反而會導致她發揮失常。無可否認的是，在現實中，使用者的需求不同，年齡階段不同，保持專注的時長也不同。

> 比如，0-3 歲孩子的專注時間可能只有 10 分鐘左右，偏偏父母希望孩子集中注意力 25 分鐘；同聲傳譯員的高度專注時間達到 15 分鐘就是極限，如果持續專注 20 分鐘以上，注意力反而會分散；最高效的技術研發人員的平均專注時間可以達到 52 分鐘，按照番茄鐘 25 分鐘的標準切斷他們的工作，如同扼殺他們的靈感⋯⋯

所以，在運用番茄工作法的過程中，番茄鐘的時長完全可以按照每個人的特性、習慣進行調整。千萬不要一味地追求「工作 25 分鐘，休息 5 分鐘」的時間定式，否則就曲解了番茄鐘勞逸結合的本意。

我們究竟應該如何用好番茄鐘呢？答案是：訓練專屬自己的「心流番茄鐘」。

別再濫用番茄鐘，心流番茄鐘才是關鍵

心流是一種忘我的狀態。

你應該也有過那種半小時過去了，卻覺得才過了幾分鐘的體驗吧？這就是心流狀態。處於心流狀態時，你會自動關閉對時間的覺知，專注投入在所關注的事情上，而訓練自己隨時進入心流狀態，則能大大提升我們的專注力。

使用「小番茄」刻意練習

如果你一開始無法專注，那麼使用番茄鐘提升專注力是非常有必要。不過，你需要做的是根據自己的節奏設置適合的番茄鐘。比如，先從專注 5 分鐘開始，接下來專注 15 分鐘，專注 25 分鐘……在專注過程中輔以 2-5 分鐘均衡的休息時長。習慣了最開始的短時長節奏後，再逐漸延長時間。

使用「新起點效應」迅速啟動

訓練期間，如果上一個番茄鐘沒有被很好地利用，也不用太過自責或焦慮，你完全可以利用本章第一節講過的「新起點效應」，讓自己迅速調整狀態，重新開始。重新啟動自己，而不是一直糾結上一個時段內的糟糕表現。

降低切換的時間成本

處理完一個突發事件後，人們通常需要花 7-40 分鐘才能將注意力從上一件事轉回當前的任務中。所以，在電話突然響起、訪客突然到來或任何突發情況發生前，別急着停下手頭的事情，宜花幾秒為正在執行的任務做好標記，這樣可以有效地縮短切換任務時所花的時間。

> 比如，你可以先標記報告寫到哪裏、下一步打算寫甚麼、你剛剛有甚麼想法或者你的思考是甚麼等等。標記不需要太複雜，簡單的幾個關鍵詞或者提示語、符號都可以。確保你能看懂，保證你在回到當前任務時，大腦也能快速切換回到此前的狀態。

保持專注，及時叫停

在做自己喜歡且擅長的事情時，人們往往最容易進入專注狀態，還常常無法停下來。我們常常在新聞報道中看過某創業者、企業家因為疲勞工作而猝然離世的消息。所以，提醒大家，保持專注也要及時叫停——停下休息。專注有利於你聚焦，休息有助於讓你狀態更好地掌控全域。

設計屬於自己的心流番茄鐘

設計專屬你的心流番茄鐘（見圖 2-10）並不難，你可以運用我們在「24 小時時間導航」中積累的時間數據，找到適合你的「工作─休息」時長，逐步訓練自己的專注力。

圖 2-10 心流番茄鐘

哈佛大學心理學博士劉軒老師則選擇將 52 分鐘工作結合 17 分鐘休息作為自己的心流番茄鐘，這個設計也被其稱為「5217 法則」。番茄鐘確實有助訓練我們的專注狀態，重點在於，給自己設計一個更適合不同需求的心流番茄鐘。

⏰ 喚醒時刻

⏻ 在＿＿＿＿＿＿＿＿＿情況下，你的心流番茄鐘是工作＿＿＿＿分鐘，休息＿＿＿＿分鐘。

⏻ 在＿＿＿＿＿＿＿＿＿情況下，你的心流番茄鐘是工作＿＿＿＿分鐘，休息＿＿＿＿分鐘。

⏻ 在＿＿＿＿＿＿＿＿＿情況下，你的心流番茄鐘是工作＿＿＿＿分鐘，休息＿＿＿＿分鐘。

原來，你的「動力源」和別人不一樣

有時，即使我們有了專屬自己的心流番茄鐘或其他一系列管理工具，但還是無法調整到最佳狀態、做到專注，這時候該怎麼辦？

別急，我邀請你嘗試一種更為簡單的激勵方式：找到屬於你的內在「動力源」。**動力源就是一個簡單的詞語，但這個詞語傳遞的能量不同，這才是關鍵。**

把這些詞語代入你真正需要面對的工作或任務場景中，評估哪些詞語既能給你帶來激勵作用，又能讓你真正享受這件事。這個詞語就是你在做這類事項時的動力源。

（1）設想一個你最不想面對或處理的工作或任務：

_____

_____

_____

_____

比如：

- 想到要向股東會成員彙報第一季度的工作成果，你就很鬱悶，你覺得沒有甚麼可向他們彙報的；

- 上司讓你優化工作流程，但你認為這完全沒必要，做了反而會得罪與流程相關的其他同事，你不想做這件事；

- 今天下午要召開部門例會，小 E 也要參加，你不喜歡與她共事，她讓你覺得厭煩……

（2）把這些任務和表 2-1 中的詞語組合起來，體會這些詞語帶給你的激勵程度和享受程度的差異。

表 2-1　動力源詞匯清單

必須	敢	批准
能	有必要	想要
值得	決定	願意
盡力	希望	選擇
不得不	需要	打算
可能	讓	喜歡
應該	允許	愛
可以		

舉例：

• 我必須在 5 月 8 日下午 2 時，向股東會成員彙報我們第一季度的工作成果。

• 我選擇在 5 月 8 日下午 2 時，向股東會成員彙報我們第一季度的工作成果。

• 我願意在 5 月 8 日下午 2 時，向股東會成員彙報我們第一季度的工作成果。

在任務相同的情況下，注意體會採用不同動力源詞語後，你對此產生的不同感受。

- 這句話是否讓你充滿動力，讓你想要立即嘗試？

- 這句話是否讓你對這件事充滿興趣，你恨不得馬上行動？

- 這句話是否讓你有了更清晰的目標，讓你知道下一步該如何行動？

- 這句話是否讓你覺得有點無聊，你甚至認為完全沒有行動的必要？

- 這句話是否對你沒甚麼約束力，你無法意識到它的重要性？

- 這句話是否讓你覺得這件事沒那麼緊急，或許現在還可以做點別的？

體會自己的感受非常重要，這一過程將幫助你逐步明晰：哪些詞語在特定情況下能更有效地激發你內在自主的行動力。

（3）感受多是主觀的，通常沒有那麼清晰和準確；所以，為了找到對自己更有效的動力源詞語，我們還需要將其量化。

你可以把這些動力源詞語與你最不想處理的那項工作或任務結合，然後，根據下面的問題，在表 2-2 中為其逐一打分。通過打分測試，把那些真正對你有效的詞語標記出來。

- 這個動力源詞語，對你的激勵程度有多大？

- 這個動力源詞語，讓你有多享受、多願意主動行動？

表 2-2　動力源詞語能量評分表

動力源詞語	激勵程度 1-5 分 （5 分最高）					享受程度 1-5 分 （5 分最高）				
必須	1	2	3	4	5	1	2	3	4	5
能	1	2	3	4	5	1	2	3	4	5
值得	1	2	3	4	5	1	2	3	4	5
盡力	1	2	3	4	5	1	2	3	4	5
不得不	1	2	3	4	5	1	2	3	4	5
可能	1	2	3	4	5	1	2	3	4	5
應該	1	2	3	4	5	1	2	3	4	5
可以	1	2	3	4	5	1	2	3	4	5
敢	1	2	3	4	5	1	2	3	4	5
有必要	1	2	3	4	5	1	2	3	4	5
決定	1	2	3	4	5	1	2	3	4	5
希望	1	2	3	4	5	1	2	3	4	5
需要	1	2	3	4	5	1	2	3	4	5
讓	1	2	3	4	5	1	2	3	4	5
允許	1	2	3	4	5	1	2	3	4	5
批准	1	2	3	4	5	1	2	3	4	5
想要	1	2	3	4	5	1	2	3	4	5
願意	1	2	3	4	5	1	2	3	4	5
選擇	1	2	3	4	5	1	2	3	4	5
打算	1	2	3	4	5	1	2	3	4	5
喜歡	1	2	3	4	5	1	2	3	4	5
愛	1	2	3	4	5	1	2	3	4	5
	1	2	3	4	5	1	2	3	4	5

特別提示：你應該注意到，表中動力源詞語一列有一個空格，目的是方便你記錄下目前表格內沒有但對你非常有效的動力源詞語。當然，你還可以不斷增加這個表格內的詞彙。

（4）從表 2-2 中選出最能激勵你且最能給你帶來享受的動
力源詞語，並寫下它們。

（5）現在，那件你最不想碰、最不願意面對、最具挑戰性的
任務，已經變成了你最期待的樣子，你可以寫下這句話以及
這句話帶給你的感受。

找到動力源詞語並重組任務的目的是讓你在開始做這件事
時，對它充滿期待，並享受這一過程，從而產生持續動能，
真正取得成果。

當然，很多時候，這些動力源詞語還會與「不」一起使用，
構成否定的表達，比如：不應該、不希望、不能、不願意、
不敢等。總之，每個詞語反映的都是你當下對這件事情的真
實反應。

有時候，事情擺在那裏遲遲沒有去做，也許正是因為這件
事僅僅是「應該」做的而不是「必須」做的。值得提醒的
是，當你發現你找到的動力源詞語開始無法發揮「神奇效果」
時，你完全可以換其他詞語試一試。有效果就多用，沒有效
果就再換一個。

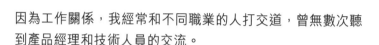

因為工作關係，我經常和不同職業的人打交道，曾無數次聽到產品經理和技術人員的交流。

> 產品經理說：「這個功能很好實現，你只要改改代碼，實現這個小小的功能就可以了，用不了小半天就能做完……」技術人員回覆：「不行！這個代碼一旦被修改，可能還需要重新編寫其他代碼，還要測試，確保它們安全、穩定後，才能真正上線……這可不是小半天就能解決的問題。」

這種場景並非個別，也絕不僅在產品經理和技術人員交流時才會出現。「一方過於弱化對時間的需求，另一方過於強化對時間的需求」的情景，在現實中頻頻上演，仔細回想，每個人都曾在不經意間置身於類似的場景。

很多時候，恰恰是因為我們弱化了對時間的需求，才導致自己既被動又焦慮，不但給自己造成了困擾，也給他人帶來了壓力。有時，我們又過度強化了對時間的需求，充當了給自己和他人加碼的角色──剛剛提出需求就希望事情得到解決，甚至恨不得馬上就拿到想要的結果。殊不知，我們之所以無法妥善處理時間與任務之間的關係，是因為忽略了事件發展必然存在的延續性影響，這種影響甚至會波及你與他人的人際關係──弄得關係緊張不說，還無法最終解決問題。

作為一名優秀的職場人，我們到底應該如何做呢？建議你，學會訓練自己：承諾留餘地，完成超預期。「承諾留餘地」指的是：你可以學會像技術人員那樣思考，評估所有可能發生的情況，給突發情況和干擾事項預留足夠的時間。

要知道，一旦有突發情況打亂了你的計劃，它很可能隨之打亂你後續的一系列計劃，甚至是一天、一個月或者一整年的

計劃安排。所以,留出雙方都可控的時間非常重要。

當然,多預留時間並不意味你可以無限拖延,甚至耗到最後一刻再去做。而且,這也不意味你可以敷衍了事,或者口頭承諾下來卻不去行動,如果真是那樣,不但會浪費雙方的時間,還會透支他人對你的信任。那些被拖延的事不斷堆積,最終會變得越發不可收拾。

所以,**承諾了就要竭盡全力做到;如果做不到,一定要第一時間告知相關人員。**

「完成超預期」指的是我們可以像產品經理期待的那樣,在截止日期前交付結果。當然,我們還可以在滿足對方需求的基礎上多做一些事情。

事實是,「承諾留餘地,完成超預期」這一招最好不要經常使用,從管理的角度而言,驚喜和驚嚇都不好。因為每次都給上司製造驚喜,上司也就不覺得這些是驚喜了。你可以按照這個標準訓練自己,同時要學會合理計劃、分配時間,從容應對挑戰。

05

為你的「重要他人」
創造專注空間

管理好他人的時間 🔍

如果你是一位管理者，那你應該知道管理好團隊中每個人的時間對於幫助整個團隊取得成果有多重要。即使你不是一位管理者，你同樣需要與他人溝通和協作。試想想，如果一個沒有時間觀念的人和你聊工作，原本 10 分鐘就能解決的問題，他偏要拉着你耗上 3 小時，那你要不要管理他的時間呢？

工作中很多事推動不下去，或在需要獨立工作時卻被頻繁打斷，是因為我們沒有意識到他人的時間也需要被管理。其實，管理好他人的時間，就是在管理自己的時間。這些他人並非所有人，而是你的「重要他人」，你要做的就是找出這些人，並把這些時間管理優先處理。

甚麼叫把時間管理優先呢？

> 通常，我在早起後做的第一件事是梳理一天的工作計劃，我會特意明確今天需要他人協助處理的事，並一早留言發送給他們。這樣他們在進辦公室前，就已經知道自己需要做哪些事、需要處理哪些問題。
>
> 如果你是管理者，當你給下屬安排了任務，但他還沒有完成，他是不太可能在你面前休閒的。換句話說，

他躲你都來不及。如果有的工作需要你和同事協作完成，那你在一早發給對方的行動計劃，也便於對方了解今天應該做甚麼，應該如何與你配合。還有一個小訣竅，那就是在發送留言時，附上方便溝通的時間與地點的建議。比如：「這件事比較複雜，我覺得可以14:00 先在辦公室開會，討論如何開展這工作。」約定的溝通時間通常會被安排在下午，這樣我就能將上午的時間預留給自己，自己的工作就不至於被頻繁地打斷。

即使你不是一位管理者，這種方式同樣能夠幫到你。同時，可能有人會說，你太樂觀，即使這樣做，上午的工作還會被人打擾。如果你仍然在被人無限度（這是重點）打擾，那原因不在於方法，而在於你沒有找對關鍵點。關鍵點不對，你勢必要被別人追着跑，也就不得不去解決問題，接受他們的打擾；如果關鍵點對了，且明確分工，這樣時間的分配權才會重新屬你。

作為一名優秀的職場人，在這一節中我們需要建立一種意識，掌握一種方法，**讓你的「重要他人」自運轉**。讓「重要他人」自運轉的第一步，就是了解「重要他人」，這將有助我們建立系統性視角，同時將自己和他人的時間利用率最大化，讓自己擁有獨立且專注的時間。

如何找到「重要他人」呢？在找到他們之前，我們先來看一個實驗。

> 1967 年，有一位哈佛大學社會心理學教授招募了一批志願者，他從中隨機選擇 160 人，請他們郵寄一封信。收信人是他指定的一名住在波士頓的股票經紀。肯定是，信不會直接被寄到收信人，教授讓志願者把信寄給他們認為最有可能與收信人建立聯繫的親友，並要求每一個轉寄信的人都回發一封信給教授。出人

意料的是，有 60 多封信最終送到收信人手中，並且這些信經過的中間人平均只有 5 個。

後來，有幾位社會學家又通過郵件重新做實驗，他們找了來自不同國家的 6 萬名志願者，安排他們發郵件給隨機指定的 3 個人。最後，收件人幾乎收到了所有郵件，並且中間只經過了 5-7 個人。這就是著名的「六度空間理論」（見圖 2-11），也被稱為「小世界效應」。簡言之，就是你最多通過 5 個中間人就能夠認識世界上的任何一個陌生人。

圖 2-11　六度空間

我們提到的「重要他人」，正是「六度空間理論」的微觀呈現。

在工作中，你的「重要他人」可能是同事、上司，如果你的工作還會涉及大量對外接觸，那你的「重要他人」名單裏還可能會出現客戶、股東等。生活中，你的「重要他人」可能是家人、朋友、老師等，如圖 2-12 所示。

圖 2-12　可參考的「重要他人」範圍

面對一項具體的任務或一個具體的事項時，哪些人會是我們的「重要他人」呢？這時，你可以在「每日清單」內選出一個待辦事項，然後按圖 2-13 中提到的「三維度定位法」找到他們。

圖 2-13「重要他人」三維度定位法

你要完成的一項任務是：＿＿＿＿＿＿＿＿＿＿＿＿＿

第一層：最密切，與你要完成的某項任務最直接的人。

以提交一份年度總結報告為例。與這項任務最密切相關的人可能是你的上司，因為你的報告要交給他，而他也是決定你這項任務完成與否的決策人。

與你要完成的任務密切相關的重要他人是： _____

這個或這些重要他人需要為你提供的反饋、支持或資源是：

_____

_____

第二層：在接觸，在完成任務的過程中，哪些人會與你配合或為你提供支持。

這一層涉及的範圍會擴大些。比如，要完成這報告，你需要與部門內的成員，甚至是跨部門的其他同事溝通。你可以把他們列舉出來，既不容易遺漏也可以更全面、系統地與他人溝通協作，有效推動並完成這項任務。

在這項任務中，你會接觸到的重要他人是： _____

這個或這些重要他人需要為你提供的反饋、支持或資源是：

_____

_____

第三層：會影響，在完成這項任務的過程中，有哪些人和因素會影響他人或整個任務，甚至會影響下一步的行動等。

比如，上司要求你擬定一項新政策，並將其添加到年度報告中。由於涉及新政策的發佈，這項任務的最終結果就有可能與其他部門，甚至整個公司的人產生關聯。在開始任務前，你不妨先思考一下，這項政策發佈後會對誰產生影響？誰會支持？誰會因此提出不同

意見？你可以列一份人員清單，或站在不同人的角度看看應該如何制定這項新政策。

如果你不想在政策發佈時面對突發的挑戰和質疑，那這種方式可以盡快實施。而這些重要他人的「參與」，能幫助你在制定政策時更符合需求，更易獲得支持。

在這項任務中，你會影響到的重要他人是：＿＿＿＿＿＿＿＿

這個或這些重要他人需要為你提供的反饋、支持或資源是：

＿＿＿＿＿＿＿＿＿＿＿＿＿＿＿＿＿＿＿＿＿＿＿＿＿＿＿＿＿＿

＿＿＿＿＿＿＿＿＿＿＿＿＿＿＿＿＿＿＿＿＿＿＿＿＿＿＿＿＿＿

一旦找到你的重要他人，你做事時就可以更全面地看待問題，更高效地完成任務，避免無意義的上班。要注意，重要他人的人數不宜過多。圈子一般不用擴大到 3 層以外，重要他人也最好控制在 6 個以內（含 6 個）。

如果人數過多、名單過長，你要是還沒有找到正確的關鍵人，要是還沒有把這項任務的關鍵點理清楚。而這些關鍵人、關鍵點才是一項任務的核心，可以幫助我們訓練「跳出現象看本質」的能力。解決問題的關鍵就是找到本質，這些本質只掌握在某些關鍵人的手中。

四象限法則：讓你和「重要他人」都擁有專注的上午 🔍

很多管理者曾把「提出問題時，先給解決方案」這個要求作為必要的管理手段之一。即使大多數人已經學會帶着解決方案去和上司溝通，但我還是想和你分享一個新的發現。

有一位優秀的上司是這樣管理其團隊：雖然他也要求員工帶

着解決方案來與他溝通，但不同之處是，他從不讓員工主動告訴自己他們正在面對甚麼問題，而是先猜測出現了甚麼問題。這種方式的關鍵是「由他來猜測出現了甚麼問題」，而不是「先發現問題，再尋找解決方案」。這種反向思維方式，讓我打開了新的視角，並且也演化成自己帶團隊時常用的管理方式。

又如，你的部門經理帶着解決方案來找你，向你報告説：「我打算在下週五之前把 3 個重要客戶拜訪一遍，以便讓他們了解我們的新產品。」

你通過進一步求證，發現真實的問題是：上個月新來的員工在沒有充分了解業務的情況下，就貿然去拜訪一位大客戶，這令對方大為不滿。為防止負面影響進一步擴大，部門經理只好親自去溝通和安撫。其實，部門經理提出的解決辦法也許算得上是一個不錯的方案，但未必是一個能夠解決長遠問題的最佳方案。

為甚麼這樣説？短期「救火」，長期「防火」。「防火」才是我們更應該關注和重視的部分。如果着眼於「防火」，從全域的角度解決問題，方案就不止這一種，它們還可能是：

- 建立員工培訓體系，讓員工在充分了解業務並具備一定的專業知識、能力且通過考核後，再去接觸大客戶；

- 建立完善的客戶管理系統和權限，確保客戶資源由對應級別的專業人員維護；

- 可能這個客戶本來就比較「難纏」，且一直對公司的產品和服務頗有意見，這次的情況只加劇了矛盾，那公司可能需要針對挑戰型客戶制定相應的跟進、反饋策略以及執行方案等。

我認為，上述管理模式的神奇之處在於，人們在面對問題或麻煩時（尤其是當這個麻煩是由自己引發），通常會選擇隱藏真實情況或誇大事情產生的原因，這不但會影響我們思考解決的辦法，也不利於我們徹底解決問題。而毫無指向性的推測，則不針對任何人，也沒有任何遷怒的可能，人們也會更有安全感，從而真正毫無負擔地表露真相。

當你了解了這種方法背後的理念後，你還可以將其與時間管理四象限法則結合，分析定位問題並建立要事優先的「防火」系統，如圖 2-14 所示。對於剛才的案例，我們結合時間管理四象限法則來進一步拆解。

假如部門經理提出的解決方案為：「下週五之前親自把這 3 個重要客戶拜訪一遍。」這更像是第一象限——既重要又緊急的任務。

> 假設「必須和這位客戶聊一聊，並且要親自去聊」是當下最緊急且最重要的事情，那相關人員需要馬上去做，立即執行。

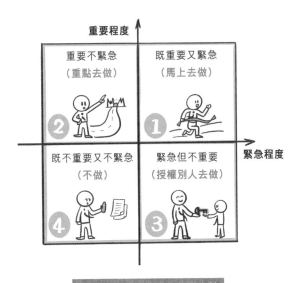

圖 2-14　時間管理四象限法則

如果在和部門經理梳理事項的過程中，你發現還有更重要、更長遠的事要做，那這些事就屬第二象限──重要不緊急的任務。

> 比如，我們提到的解決方案──「建立員工培訓體系」、「建立完善的客戶管理系統和權限」，這些顯然不是做完後馬上就能看到效果的事，它們都需要經過一段時間的累積，甚至需要更多人參與，才能建構出完善的體系，用以支持長線需求。

此外，工作中還有可能出現第三種情況，就是第三象限中緊急但不重要的任務。

> 我們假設並不是員工自身或工作程序出現問題，而是「客戶比較難纏」，或是「此類事件在這個客戶身上多次發生」等，那你也許可以採取一些之前奏效的方式解決問題。比如，採用電子郵件或電話溝通來解決此類問題。

你還有可能面臨更棘手的情況。比如，你已經在一個月前安排了一場更重要的客戶會面，且為此做好準備，那你是否還會因為這次突發情況的出現而打亂此前所有的計劃呢？也許，早已安排好的重要客戶會面比當下親自拜訪那位大為不滿的客戶重要得多。那這件事就變成了「緊急但不重要」的事，也就是第三象限中的事項，可以授權別人去做。

最後，還有第四象限──既不重要又不緊急的事情。

把無關的事從待辦清單中刪除，聽起來容易，實際上很痛苦。有一種方法可以讓這件事變得輕鬆：把那些既不緊急又不重要的事留在待辦清單上，每天看一看，思考是否有必要做；如果你還沒有決定馬上去做，那不妨給它們設定一個時限，並把相應的時間標注好，等到了規定的時間再着手去做。如果在規定的時限過後，你還沒有打算做這些事，就把

它們從你的清單中劃掉吧。

一般而言，我們需要頗花力氣，才能把那件真正重要又緊急的事情找出來；而一旦找出那件事，最難的是放棄其他的事，如圖 2-15 所示。

> 另外，在遇到每一項任務前，我們還可以多問自己：對我而言，當下最重要的事是甚麼？如果我只能做一件事，而這一件事會對其他多件事，甚至是對未來相當長一段時間產生影響，那這件事會是甚麼？需要提醒的是，讓你的「重要他人」也擁有高效上午的關鍵在於：讓人們優先完成那些對他們而言重要的事。注意，這些重要的事情，不是由你來定義，而由他們自己說了算。

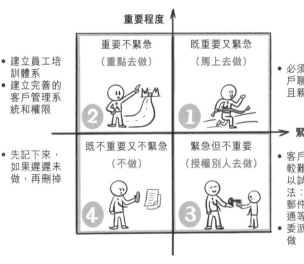

圖 2-15　時間管理四象限法則的應用

> 先聽聽別人的解決方案，再猜一猜到底出了甚麼問題，然後利用時間管理四象限法則，把時間分配給那些更能解決問題、創造價值、提升效率的事務。

有時，親耳聽到甚至親眼看到的並不一定都是真相。但是，我們可以從這些親耳聽到甚至親眼看到的事情中，找到事情的本質和真相，更系統地分析、解決問題，當你和「重要他人」共享這種處理問題的方式時，彼此就都擁有了高效的上午。

如果事情很重要，會有人來告訴你

多年前，中央電視台「3‧15」晚會曝光了某餐飲品牌售賣食材涉假的新聞。那天正值週日，時任該公司公共事務部資深總監正在外用餐，他後來這樣回憶。

> 我當時在餵女兒吃飯，手機響了。同事告訴我，剛才中央電視台新聞頻道播報了新聞，內容是我們售賣的一款食材涉假。我當時第一反應是「大件事了」。被電視台報道負面新聞，影響可想而知。
>
> 我馬上啟動應急預案，讓所有同事就位，負責媒介監測的、負責與政府溝通的、負責與行業協會聯絡的，全部進入工作狀態。5 分鐘後，我們建立了所有高層主管在內的微信群，討論如何處理危機公關事件。我同時要求同事每 15 分鐘進行一次全網媒體掃描，有任何與「公司品牌＋涉假＋央視」相關的新聞都要監看，密切關注後續動態⋯⋯
>
> 雖然這例子是一件危機公關，而類似的場景都曾在不同工作上出現：技術人員需要 24 小時待命，一旦有事故警報需要第一時間處理；人力資源同事突然接到投訴，必須馬上出面調停以防事態擴大⋯⋯意外總是會出現，也總有一些非辦不可的緊急情況等着我們處理。

當然，除了這些意外，還有很多人在主動「強迫」自己密切關注新聞動態、世界動態等，這慢慢演變成了一種「上癮症」。在美國，人們稱這種現象為 FOMO，即「害怕錯過」（Fear of Missing Out）。愈成功的人愈在意 FOMO，他們覺得世界上每天發生這麼多的事，如果不能隨時了解，很容易錯失先機。

要強調，你並不需要整天關注世界上發生了甚麼，因為絕大多數訊息與你的生活無關，也影響不了你的決定。而在事情發生前，你也不用傻傻地等，或期盼這些意外走到你的面前。相反，你只需要專心做好手上的事。就像前面說到的，如果事情真的很緊急、很重要，放心，一定會有人告訴你。

喚醒時刻

⏻ 你有「錯失恐懼症」嗎？你打算如何克服它呢？

本章要點 🔍

- 上午的時間是專注時間。
- 我們都擁有一個視覺大腦，不妨學會使用「24 小時時間導航」讓計劃、靈感被看見。
- 找到自己的高精力週期，充分利用大腦黃金時段，確保自己能專注、獨立地工作。如有必要，你可以為自己設計一段「與自己開會」的專屬時間。
- 修煉「Z 計劃」，就是做不喜歡做的事，直到將其轉化為喜歡做的事，再轉化為擅長做的事，然後不斷挑戰，如此躍遷。
- DONE-E 法則的精髓在於——完成任務且享受完成任務的全過程。
- 動力不夠，是因為沒有找到對的方法。運用「動力源」詞匯清單，給自己一個有力的回應，讓自己先動起來。
- 做事先盤「人」，盤點「重要他人」可以讓你少走彎路，獲得支持，贏取資源，更有效率。
- 「時間管理四象限」並不複雜，它只想告訴你一件事：永遠不要忘了，要事第一。
- 在職場，要主動找事做，敢於承諾，堅持超預期完成任務；同時，設置自己的「心流番茄鐘」，別被 FOMO 心態和外界刺激干擾和影響。

CHAPTER 03

中午篇

修復的中午

中午只能吃飯和睡覺？
你太小看這一個小時了。

我們是波動世界內的波動個體，節奏性存在於我們的基因中。

——吉姆 · 洛爾（Jim Loehr）

托尼 · 施瓦茨（Tony Schwartz）

01
午間精力修復術

小休也要掌握的必備技巧

在經歷了上午的高能量輸出之後，你需要一個短暫的休息。正如，美國賓夕法尼亞大學佩雷爾曼醫學院睡眠與生物鐘學中心主任戴維·丁格思説：「保持清醒就像揹着一個背包，醒着的時間愈長，背包就愈沉重。如果稍事休息，背上的負擔將有所減輕。」

一個午間小休對警覺性、效率以及學習力、記憶力、創造力的提升幫助巨大，尤其對於腦力勞動者而言，午睡還可以在情緒、邏輯推理和認知表現等方面給我們帶來益處。不過，午間的小憩和晚上的睡眠完全不是一個概念，午睡需要注意以下幾方面：

午睡不是睡大覺，而是小休

有英國睡眠教練提出，人的睡眠每 90 分鐘為一個週期，入睡 45 分鐘後就會進入深度睡眠階段。按照這個睡眠週期，午睡超過 30 分鐘，人就開始逐步進入深度睡眠狀態，處於這個狀態的人被喚醒，不但不會感到壓力有所減緩，反而會覺得更困乏，不利於精力恢復。所以，最佳的午睡時長在 15-30 分鐘最為合宜。

主動小休，迅速回氣

回到戴維・丁格思的研究中，他把午睡分為兩類型：主動型和被動型。你身邊一定有一些人在有意識地主動休息，這類人的午睡就屬主動型；而另一些人忙忙碌碌，通常累到睡着，這類人的午睡多屬被動型。主動休息比被動休息更能幫助我們恢復精力。戴維建議成年人每天至少要睡 7 小時。不過，職場人大多無法睡夠 7 小時，甚至很多人屬睡眠嚴重不足的。所以，如果你的睡眠時間不夠，那麼白天主動小休是必要的修復精力方式。

在一天中，我通常會主動小憩 2-3 次。由於起床時間太早，我的第一個小困倦期會在 8:30-9:00 到來，這時我恰好在上班路上，一般會利用這段時間「補眠」，這也是我一天中第一次小憩，而第二次小憩就是午睡。

除中午之外，一天之內還可以多次小休

正如我剛剛提到的，一天內（白天）小休多次是可以的，但要注意的是：盡量不要在 1 小時內小休兩次。另外，一旦你習慣了小休 30 分鐘或 20 分鐘，還可以根據實際情況縮短小休時長。比如，給自己 15 分鐘、10 分鐘，甚至 5 分鐘或更短的時間小休。在睡眠不足的情況下，我經常會花 3-5 分鐘小休。

可能你會擔心自己確實需要小休，但沒辦法在這麼短的時間內就入睡。《斯坦福高效睡眠法》一書提過一個試驗，試驗召集了 10 名健康的年輕人，統計他們的「入睡潛伏期」。結果顯示，容易入睡的人和難以入睡的人之間的入睡差值只有 2-3 分鐘。其實，人們在非常困倦的情況下，5 分鐘內就能入睡。經過刻意練習後，人們也能在 2 分鐘或者幾十秒內入睡。對很多人而言，無法入睡是因為壓力過大或入睡前想太多的事情；所以，要讓自己更好地入睡，重要的是放鬆。

快速入睡——2 分鐘熟睡法

我們如何才能盡快入睡，從而達到有效小休的目的呢？

第二次世界大戰期間，美國軍隊就曾為海軍飛行員開發了一項快速入睡技術——「2 分鐘熟睡法」。這方法不僅適用於躺在床上睡覺，還可以用於坐着睡覺——因為飛行員也是坐在椅子上完成這個訓練的。

具體方法分為以下五步：

2 分鐘熟睡法

- 第一步：平躺下來或找一個舒服的姿勢坐好，全身保持放鬆狀態，閉上眼睛。放鬆你的臉部肌肉，包括舌頭、下巴以及眼睛周圍的肌肉。如果你感覺自己皺眉了，就要注意放鬆額頭的中央區域，同時讓額頭和眼窩徹底放鬆。

- 第二步：盡可能放低你的肩膀，伸展脖子，緩解它的緊張，接着放鬆你一隻胳膊的大臂和小臂，然後再換另一隻。如果很難放鬆胳膊，試着拉緊肌肉，然後放鬆下來，最後讓手和手腕都放鬆下來。

- 第三步：深呼吸，放鬆胸部，讓你的肺部有充滿空氣的感覺。

- 第四步：放鬆雙腿。先放鬆大腿，接着放鬆小腿，最後放鬆你的腳踝和腳。

- 第五步：放空大腦，幻想自己躺在一艘停在平靜海面上的小船裏，頭頂上有藍天和白雲，或是想像自己躺在如雲朵般溫暖、柔軟的毯子裏，放空 10 秒，就能順利入睡。

快速入睡的關鍵在於「停止你腦中奔騰的思緒」，當身體放鬆且頭腦 10 秒內沒有任何活躍的想法時，你就能夠順利入睡。

訓練大腦，形成小休生物鐘

你還可以在每天的同一時間，定時定點地訓練自己的小休生物鐘。訓練之初，你可以結合「2 分鐘熟睡法」，根據自己計劃的小休時間和時長，設定一個叫醒鬧鐘，定時把自己喚醒。比如，計劃中午 12 時入睡，時長 20 分鐘，鬧鐘則設置在 12:20。久而久之，你就會習慣這個規律。一旦形成生物鐘，大腦就會自動發出入睡或是醒來的指令，你不再需要任何有意識的控制和干預，「秒睡」也就毫不費力了。

訓練初期，你可能只是醒着躺了或坐了 20 分鐘，即使這樣，也不要給自己壓力，這同樣是一種休息。你要做的是，在 20 分鐘結束後馬上起來，不要拖延。如果 20 分鐘後你仍感到疲勞，至少等到 1 小時後再小休，千萬不要立即又入睡。

如果醒來後還是覺得疲倦，你可以試着用肉眼盯着藍天看 1-2 分鐘，盡可能睜大眼睛，因為藍光可以刺激視神經，並能夠進一步刺激下丘腦，減少倦意，幫助你恢復清醒狀態。

不是所有人都適合小休

每個人的睡眠時長都不同，小休質素的高低也不是用睡眠時長來衡量。如何定義睡得不夠、睡得不好？我們可以使用圖3-1中的睡眠效率公式來分析。

$$睡眠效率 = 睡眠時間 / 臥床時間 \times 100\%$$

圖3-1　睡眠效率公式

比如，你23:00上床，凌晨0:00點睡着，第二天早上6:30醒來，賴了會兒床在7:00正式起床。那你晚上的睡眠效率就是6.5除以8，大約是81%。睡眠效率的及格線是85%（老年人為80%-84%），高質素睡眠的睡眠效率應該達到90%。如果你的睡眠效率處於及格線以下，這意味你的睡眠質素還有待提高。

如果你晚上睡得不好，睡眠效率本來就不高，第二天感到疲倦，那盡量不要長時間午睡，因為午睡會減少睡眠動力，可能讓你第二天晚上還是睡得不好。如果你晚上的睡眠效率已經很高，只是偶爾太早起床，或是晚上睡得不夠，導致第二天疲倦，那你完全可以通過午睡緩解困倦。而對睡眠效率不高的人而言，不建議增加臥床時間，也就是說，不困的時候不要上床睡覺。

運用「12315法則」保持精力充沛

2018年，《歐洲心臟雜誌》刊登了中國醫學科學院阜外醫院的研究報告，報告指出，成年人每天睡6-8小時，因心血管疾病死亡的風險最低，而每天睡8-9小時、9-10小時、10小時以上的人，風險依次增加5%、17%和41%。可見，睡眠時長並非愈長愈好。既然不是所有人都適合小休，還有

哪些方式可以幫助我們休息並保持精力充沛？你可以嘗試以下介紹的「12315 法則」。

「1」：喝 1 杯水

被譽為「美國大腦健康」之父的腦成像專家丹尼爾‧G. 亞蒙（Daniel G. Amen）和健康健身領域專家塔娜‧亞蒙（Tana Amen）在其合著的《大腦勇士》提到，我們的大腦裏 80% 是水，缺水 2% 就會影響我們的表現。

大腦電解質的運送大多依靠水分，所以身體缺水的時候，人會頭疼、頭暈、無法集中注意力，缺水還可能引起腦萎縮、記憶力問題，讓人學習成績變差、對疼痛變得敏感等。有研究發現，缺水的飛行員在飛行時表現較差，尤其是在工作記憶、空間定位和認知能力上。所以，給大腦補充水分有助優化大腦的功能，讓大腦重新活躍起來，而只是補充水分，就可以提升我們身體 19% 的力量和效能。所以，**在做決定前或在做用腦較多的工作時，記得多喝一杯水。**

但要注意，喝水不能用喝茶、喝咖啡、喝一些含酒精或是使用工業方法製作的飲用品代替，因為茶、咖啡、酒精和工業飲料裏含大量的脫水因子，這些脫水因子進入身體後，不僅會使進入身體的水迅速排出，還會帶走儲備在人體內的水。

「2」：曬 2 分鐘太陽

陽光是萬物生存的基本條件，也是影響人體健康最大的自然光。整天待在密不透風的寫字樓，不少人覺得身體疲憊、睡眠不好，其中一個主要原因就是缺少陽光照射，以至於體內褪黑素分泌不足，影響睡眠。

此外，還有一種名為「季節性情感障礙」（Seasonal Affective Disorder，SAD）的精神疾病和日照時間有關。患上這疾病的人，隨着日照時間變短，生物鐘會紊亂，致使心情沮喪甚至抑鬱。所以，在做好防曬工作的前提下，每天花

2 分鐘曬太陽，讓身體多接受陽光，能夠調整生物鐘、增加滿足感、改善心情。

「3」：離椅子 3 步遠

美國國立衛生研究院（NIH）的調查顯示：美國人每天坐着的時間平均超過 9 小時，甚至比睡眠時間還要長，而長時間加班的人，坐着的時間甚至超過 14 小時。同時，NIH 的數據還顯示：長期坐着的人死亡風險比一般人高出 50%。建議你每天給自己設定一個最低標準：站起來，從椅子上走開，至少走 3 步遠。離開椅子後，你還可以順便做一些對肩背有益的運動，或靠牆站立 3 分鐘。

另外，我會在開電話會議或打電話的時候，戴着耳機在辦公室裏走動，做一些簡單的拉伸運動緩解疲勞。亦可以選用可調節高度的辦公桌，每坐着工作 1 小時後就會起身站立辦公 30 分鐘，如此交替進行。

你還可以利用這個機會讓大腦休息一下，聽音樂或望窗外，這樣做既達到自我修復的目的，還增加與同事真誠互動的機會。

「1」：做 1 分鐘冥想

一般而言，我不建議在休息時間繼續給大腦增加壓力，而是應該徹底放鬆大腦。冥想則是幫助大腦放鬆的最好方式之一。練習冥想不一定必須有燭光或是特定的環境，你完全可以找到一個安靜、舒適的位置，從每天 1 分鐘簡單易行的冥想開始。

- 找一個安靜、舒適的地方落座；
- 設置一個 1 分鐘後的鬧鐘，讓自己專注於冥想練習而不必擔心時間；
- 深呼吸，並保持正常頻率持續呼吸；

- 讓意識彙聚在自己的呼吸上，感受肚子隨着呼吸上下起伏；
- 如果此時你的腦海裏冒出了其他想法，不用刻意迴避，承認這個想法，告訴它，你已經看到它了，然後送走它；
- 意識始終只專注於呼吸；
- 鬧鐘鈴響後結束。

如果時間足夠，你可以逐漸增加練習時間。另外，在狀態不佳時，你可以隨時停下來做一個冥想練習，這不但有助於激活大腦，還可以讓你獲得短暫且充分的休息，讓思想和創意自由流動。

「5」：做 5 分鐘運動

很多職場人都很忙，忙到沒有時間做運動，忙到彷彿每天都在出差。即使如此，我相信你仍然可以每天抽出 5 分鐘的「碎片時間」用來鍛煉。

以我為例，我每天醒來後不會馬上下床，而是在床上做簡單的瑜伽拉伸；刷牙的時候會單腿站立，做幾個深蹲；上、下班時盡量爬樓梯、多步行；每週我會抽 1 天放棄午間小休，去樓下的健身室，跟着教練跳一節 45 分鐘的健身舞。當然，散步也是一項適合減壓和鍛煉的方式。如果你沒時間，也請至少抽出 5 分鐘的時間運動，這不但可以幫助你釋放壓力，還可以很好地改善心情。

02

午間也是社交的好時機

不要常常一個人吃午餐 🔍

對於要不要獨自吃午餐這件事，一直眾說紛紜。領英（LinkedIn）社群媒體及活動專員伊什‧維杜斯科（Ish Verduzco）曾經說：「獨自用餐並不是休息，而是孤立。」他的做法是每週與兩個新認識的人共進午餐。他認為這樣既有助於建立關係，也能擴展自己的知識格局。

很多公司為了增進團隊之間的了解，會在特定時間舉辦午餐會。還有一些企業會專門設計「與老闆共進午餐」這類特殊表彰。當然，這些特別安排的午餐大多較為隨意，目的是讓大家輕鬆、愉快地聚在一起，分享工作心得。

「小飯桌」文化

我之前服務的一家公司就有一個約定俗成的「小飯桌」文化。

> 小飯桌代表午間的休閒時光。大家聚在一起，把帶來的飯菜或點好的外賣放在餐桌上，彼此分享食物，同時交流工作、生活中的趣事。在「小飯桌」上，你會發現同事的另一面，或風趣幽默，或爽朗開放，或愛好奇特⋯⋯各樣的故事和喜好，也從「小飯桌」上飄了出來，每個人的形象都變得立體。慢慢地，「小飯桌」文化也演變為一種減壓的方式。

發展到後來，「小飯桌」還從午餐擴展到早餐和晚餐，場地也不再局限於公司內部。而且，大家在察覺到誰的狀態不好或是需要關心時，就會主動和他約飯，給他加油打氣。「小飯桌」逐漸成了一種傳遞正能量的方式，也成了放鬆、釋懷、找回正能量的途徑。

在《職場關係課》一書中，有觀點指：「一家公司的員工在午餐桌上的話題越『無聊』，意味着這家公司的職場文明程度愈高。」我之前不太理解這句話的含義，細細琢磨之後才發現其中蘊含一定的道理。午餐桌上「無聊」的話題，其實代表一種安全感，安全到同事之間可以暢所欲言，氛圍輕鬆，毫無負擔。

我也見過不少人抱怨與同事一起吃午餐很疲憊，尤其在上司要求大家一起吃飯時，員工的抗拒感會更強烈。這可能是缺乏安全感，這時要解決的不是要不要一起吃飯，而是要着力營造氛圍，塑造文化，打造安全感。

約朋友吃飯和聊天

不是每家企業的文化都一樣，也不是所有話題都適合與同事分享。如果你的朋友就在你公司附近，不妨約他們午餐，和他們聊天也是不錯的。畢竟，研究發現，和別人聊天是休息效果最好的方式之一。

不要只和某幾個人在一起

很多人進了職場卻仍像學生時代一樣，只喜歡和某一個或某幾個特定的同事聚餐。畢竟每個人都自然地喜歡和那些與自己相似的人接觸，但出於長遠發展的考慮，我們還是應該學會無功利且有意識地建構人際關係。比如，與不同部門、不同類型的人多聚餐、多接觸、多互動，提升自己的職場開闊度以及對業務、市場的了解等。

如果你剛加入一家公司，可以先從加入同事的午餐局開始，這能夠幫助你盡快了解每個人。事實上，很多公司也會為新人安排這樣的午餐聚會。另外，如果你想向某個人當面求教，也完全可以在徵得對方的同意後，利用午餐時間交流，這不但不會損耗你們的交情，還可以加深彼此的了解，增進感情。

原來「八卦」還可以為你增值

在職場，「八卦」這兩個字總會與「負能量」、「令人討厭」等貶義詞扯上關係。但只要人們聚在一起，就免不了聊八卦。追本溯源，我們會發現，「八卦」一詞並非一直代表負面含義。八卦的英文是 gossip，它是從古英文 godsibb（指教母、教父）演變而來，最早是指參加小孩受洗儀式的親密朋友。

現在 gossip 的含義雖涵蓋了閒話、八卦、竊竊私語，但主要指的是談論個人或他人私事的非正式談話形式。此外，八卦還推動着人類的發展。牛津大學歷史學博士尤瓦爾‧赫拉利（Yuval Noah Harari）在其所著的《人類簡史》中提出，讓人意想不到的是，**人類能進化到今天，八卦能力功不可沒**。八卦被寫進人類的基因，是人類與生俱來的需求，有人的地方就有八卦。八卦也確實給交流提供了更大的空間，成了職場中人與人建立關係的方式。

想到哪兒就說到哪兒，不用有太大的負擔，而且聊八卦的場地並無特殊要求，茶水間、樓梯間、休息室……都可以成為聊八卦的地點，聊起來輕鬆無壓力，也能幫助我們拉近彼此的距離。既然多數八卦不但可以緩解壓力，還可以增進關係，那我們如何正向地聊八卦？或如何在察覺八卦話題已經轉到負面時，把它們引回正向、積極的軌道呢？

運用「高峰訪談」，打造積極的八卦場域

有一種教練技術中非常好用的方法——高峰訪談。這種方式源於心理學中的一種現象——「高峰體驗」（peak experience）。高峰體驗是美國心理學家亞伯拉罕．馬斯洛在「馬斯洛需求層次理論」中創造的一個名詞。

他在跟進研究中發現，成功人士常常提到生命中的一種特殊經歷，在這些特殊經歷裏，他們會感受到一種源自心靈深處的滿足，這是一種超然的情緒體驗。這種體驗猶如站在高山之巔，讓人身心愉悦且印象深刻。

當你沒有話題可聊或感覺八卦傾得不妥時，你就可以勇敢地站出來，充當「記者」進行「高峰訪談」，你可以選擇問其中一個人或所有人類似「高峰體驗」的問題。

- 過去或最近有沒有發生甚麼讓你感到有成就感呢？
- 那些事在哪裏發生？在甚麼情形下發生？
- 過程中，你做了甚麼？取得了甚麼成果？
- 在這件事上，你最在乎甚麼？對你而言，特別重要的是甚麼？
- 通過這件事，你覺得自己是個怎樣的人？你希望把自己塑造成怎樣的人？
- 這些事情真的很有意思，你可以再多分享一些嗎？

在話題結束時，別忘了感謝對方，給他們一些真誠的反應。比如，我能感受到你的喜悦／堅強／勇敢⋯⋯或者我很欣賞你的勇氣／努力／堅持⋯⋯試一試這樣的方式，它能為你打開一扇良性社交的窗口。

在聊天過程中，一定要多把注意力放在對方身上。你對別人愈好奇、愈感興趣，愈有助於你關注對方和你談論的內容，專注聆聽對方的故事。注意，不要評判和爭論，專注於將氛圍調整到正向、積極的狀態就好。

聊八卦也有正確姿勢 🔍

曾經有一位前輩說過：「多去打聽八卦，多去走動，不一定要成為八卦的製造者和散佈者，但一定要處在訊息流通的圈子裏，及時知道公司裏正在發生甚麼事。」你有沒有被你的領導教導過「要做一個八卦的人」？

其實，職位愈高的人愈是八卦的高手。這些高手總能依據八卦做出判斷，將那些別人看起來毫無意義的言論，變成精準打擊的發力點。我們提到很多八卦的積極作用，仍無法回避那些負面八卦帶來的影響，負面八卦若是處理不當，極有可能產生嚴重的負面後果，甚至成為職業發展的巨大障礙。

這裏有「五不五停」原則（Five No，Five Stop），它既能幫助你正確地聊八卦，又能使你不至於深陷負面八卦的泥沼。

「五不」原則

圖 3-2　「五不」原則

個人私隱話題不聊

個人私隱包括很多種，夫妻關係、感情狀況、個人身體情況以及一些別人不願意公開的訊息，統統被稱為個人私隱。有說「辦公室裏無友情，同事之間無朋友」。這句話雖有些絕對，但也不無道理。同事之間，即使關係非常好，適度保留空間、守住私隱還是很有必要的。

負面言論不聊

沒有人喜歡和消極悲觀的人在一起，如果每次你都在說負面訊息，那可想而知，除了那些別有用心想利用你的人，估計沒有多少真正想緩解壓力、會心一笑的人想找你聊八卦。誰也不想在忙碌的工作後，因為聊八卦讓自己更壓抑。

未經證實的訊息不聊

所有非第一手訊息都會失真，即使是第一手訊息，在經過接收者的詮釋後，也不一定完全是最初的本意。更何況，在使用模棱兩可、不準確、不明確的語言傳遞訊息時，更容易被人誤解。

打探公司機密的話題不聊

任何一家公司都有公司機密，這裏提及的公司機密特指薪酬待遇之外的部分，包括業務佈局、競爭策略、人員變動、架構調整以及未公佈的人事升遷等，這些訊息一定要謹慎處理，一定不可輕易八卦。

洩露公司薪資待遇的話題不聊

洩露薪酬待遇是職場大忌。薪資待遇不只有工資一項，還包括補助、培訓、獎金、年終獎、股票期權等，這是職場的高壓線。很多公司在管理規定中都明令禁止洩露薪資待遇，一旦觸犯這一條，很可能被辭退，且不會支付任何補償金。

「五停」原則

圖3-3　「五停」原則

涉及上司的話題叫停

談論上司的八卦也是職場大忌之一，這倒不是因為職場政治，而是因為那些真正需要溝通的事情最好當面說清楚。

攻擊人格的話題叫停

我們不止一次強調過，溝通要基於事情本身，而不是基於人。八卦也一樣，盡量說事實，不要針對人。尤其是涉及人身攻擊、人格攻擊的話題，我們更應該學會第一時間叫停。

抱怨和詆毀的話題叫停

抱怨尚且情有可原，但詆毀一定是惡意的，這一條和「攻擊人格」看起來相似，但又有不同。攻擊人格可能是無意識的行為，但詆毀一定是有意識的，甚至是故意的行為。比如，

故意捏造、誇大他人的過失行為，或是故意製造一些負面評價等。一旦識別對方是這種類型的人，還是遠離為妙。

負能量同事間的走動叫停

有一些明顯的特徵可以幫助你識別這些負能量的同事，比如說話前總要環顧四周，喜歡在茶水間竊竊私語等。另外一個最明顯的訊號，就是開頭經常說一句「跟你說個事，別告訴別人啊……」如果你不想捲入負能量旋渦，那就趕緊躲開。因為這有可能給你帶來巨大的破壞力。

在公共平台抱怨叫停

很多人喜歡在社交軟件上溝通，而不是面對面交流。我就曾收到一位學員的求助，她說自己正和朋友發訊息抱怨上司，卻不小心把訊息錯發給了上司本人，由於當時並未察覺，等發現後已經沒有辦法撤回消息。更有甚者，會在郵件、內聯網、臉書等公共平台上抱怨。奉勸大家，這種讓人尷尬的行為還是少些為妙。

03

午間構建
你的人際關係網絡

為何成功人士喜歡會面時間定在下午 1 時

有營銷策劃專家寫過一篇文章，提到他有一段時間拜訪了多位各行業的領軍人物。這些人都有一個共通點——就是忙，約他們很難，但他們又都喜歡將會面時間定在 13:00。一般而言，企業中午休息時間多在 12:00-13:30，但上述成功人士在 13:00 就已經開始進入工作狀態，他們會刻意預留時間，用來進行難得的會面，從不拖延，極為高效。

從某種意義上講，這種習慣和規劃與成功人士喜歡在 13:00 約會的做法有相似之處，反映的都是他們在時間管理的能力，既順應了其「時間規律」，維持了時間秩序感，又妥善處理了外部合作需求，提升了時間的使用率。

利用中午時間，維護關係網絡

除了主動規劃時間，他們還會主動走出去。好像，有管理者覺得想要做好工作，就要和員工多溝通，多傾聽員工的心聲。所以會特意與他們午餐。吃飯時，他會讓每個人說一件在工作中遇到的最興奮和最苦惱的事，然後請對方提出問題，並一起找解決方案。飯後，他還會立即發郵件，把自己聽到甚麼、哪些是現在可以解決的、哪些是未來才能解決的、甚麼時候能解決以及甚麼時候能看到成效等列出來，而

這種溝通方法着實非常有效。

> 物理學家理查德・菲利普斯・費曼也經常在午餐時間
> 與他人「約會」。當時和他一同在大學工作的都是各
> 領域最厲害的人，他們每天都在餐廳吃飯，物以類聚，
> 人以群分，午餐時間一到，物理學家與物理學家坐在
> 一起，生物學家與生物學家坐在一起。最初，費曼也
> 只和物理學家坐在一起，但後來他給自己安排了一個
> 特別的「體驗課程」——要求自己和每個學科的專家
> 坐在一起吃兩週午餐，且每兩週換一個領域。這一「體
> 驗課程」幫助他涉獵了許多不同的領域。

的確，我們還可以利用中午的時間建立自己的人際關係網
絡。這些人際關係網絡不僅可以涉及內部主管、同事、員
工，還可以涉及跨行業、跨專業的導師、專家甚至客戶、股
東等。這些人際關係網絡將成為我們處理內、外部關係以及
事務的重要資源，甚至在個人發展與戰略發展方面起到至關
重要的作用。

 **喚醒時刻**

☼ 你打算利用中午的時間與哪些人建立關係？
☼ 為甚麼這些人或者這些關係對你來說這麼重要？
☼ 你打算甚麼時候開始行動呢？

午間約會也要「斷捨離」

你也不需要每天都要把自己的午間時段排得滿滿。騰訊前副
總裁吳軍曾經笑說，他在騰訊時，每天請他吃飯的人都要排
隊預約，一週 14 頓的工作餐總是被排得很充實。他感歎道：

「那時，想要獨自喝上一口清粥，簡直是一種奢望。」

如果你一天難得停下來休息，那你可以選擇在午間給自己留出一段獨處的時間，不一定非要刻意地讓自己「合群」。有時做自己更重要。當周圍的人都清楚知道你的做事風格和處事方式時，他們也會調整自己來適應你。

我們既要善於維繫人際關係，也要能對約會「斷捨離」，這也是啟動「休眠關係」的一種方式。「休眠關係」説的就是那種即使長時間不聯繫，在突然聯繫上之後可以像被喚醒的火山再次噴發一樣活躍起來的關係。

本章要點 🔍

- 午休時間是修復時間。
- 小休是小睡，一天中不同時段內的主動小休、多次小休可以幫助我們恢復精力。如果你睡不著，可以運用「2分鐘熟睡法」訓練自己快速入睡。
- 不是所有人都適合小休，你還可以運用「12315 法則」，通過聊天、補水、曬太陽、冥想、散步、運動或切換任務等方式，幫助自己修復精力。
- 聊對八卦可以為你增值，有助於建立良好的職場人際關係。當然，你還可以運用「高峰訪談」正確地聊八卦。
- 聊八卦也有禁忌，建議你務必遵守「五不五停」原則。
- 你還可以利用午休時間建構人際關係網絡。
- 不管午休時間做甚麼，關鍵是要找到自己的「時間規律」，維持秩序感。

CHAPTER 04

下午篇

協 作 的 下 午

協作不僅是與他人協作，還要學會
與自己、與時代協作。

如果你熱愛工作，你每天就會竭盡所能力求完美，不久
之後，你周圍的每一個人都會從你這裏感染這種熱情。

—— 山姆 · 沃爾頓（Sam Walton）

01

新型協作模式

如何在下午進行自我管理？

在開始下午的時間之前，得先知道，我們現正處於一個怎樣多變的新型組織形態，以及應該如何適應當前的環境，並在多變的組織形態之下，通過時間管理來引領自我與組織發展。

談時間管理為甚麼會談到組織形態呢？作為職場人，我們都依存於組織來成長，但隨着科技的發展和組織形態的轉變，我們所處的職場環境也發生重大變化。想出類拔萃，憑藉腦力和勤力這單一要素並不夠，還要知道如何賦予他人、賦予組織，為社會創造價值。

如何加速成為「ICO 型」人才

談到組織形態，不得不提到以下 3 種組織模式。

1. 蜂巢型組織模式

這種模式的特徵是，組織中的每個個體都是超級個體，都有獨立的思想和超強的個人能力。在這種組織形態中，沒有統一的領導者和決策者，大家依靠各自的意識和能力在一起，各人都極為忠誠、勤奮、富有創造力且不用管理就可以自我

驅動。你也可以把這種模式理解為超級個體型組織，組織中的每個人都是各自領域中的最強者。

2. 平台型組織模式

與傳統組織模式相比，平台模式更為智慧、敏捷、靈活、開放，特性包括能賦予個體，講求創新。建構平台的基礎在於平台上聚集着一群超強個體，而每個個體又依託平台彼此賦能，繼而賦能平台，讓組織變得更強大。

3. 指數型組織模式

較傳統線性組織而言，指數型組織僱用的全職員工總數、擁有的資產總量，甚至投入的擴張資本總值等都普遍較少，但其發展速度、盈利速度或數據訊息規模等，卻呈指數級擴張式增長。此外，這類組織大多野心勃勃且擁有宏大的目標。

- 谷歌：管理全世界的訊息。
- 阿里巴巴：讓天下沒有難做的生意。
- 特斯拉：加速世界向可持續能源的轉變。
- 臉書（Facebook）：讓世界連接更緊密。

正如首位提出「首席指數官」這概念的美國奇點大學創始執行理事薩利姆‧伊斯梅爾（Salim Ismail）在其著作《指數型組織》説的：「如果一家公司的眼界很窄，那它就不太可能會追求能實現高速增長的商業戰略。」

當然，除了關注組織內部以及宏大的目標，指數型組織還集合了組織外部的趨勢、資源、市場乃至百萬、億萬大眾群體的力量等，所有這些要素都是指數型組織增長的關鍵。

在這 3 種組織形態的驅動下，未來能夠適應並引領組織發展的，正是這種集蜂巢式個體、平台化協作、指數型增長為一體的新商業模式，而在這種新商業模式下生存和發展的職場人必將獨具競爭優勢。

「ICO型」人才

獨立：Independent
協作：Collaboration
共贏：Our Win-win

圖 4-1　「ICO型」人才

喚醒時刻

「ICO型」人才的特質是新商業環境下企業對職場人的典型
需求，而你是否具備「ICO型」人才特質，代表你自己「ICO」
指數的高低。請透過以下的問卷，測一測自己的「ICO」指
數。問卷共有 20 個問題，每個問題得分為 1-5 分，1 分最低，
5 分最高，滿分 100 分。

1.　你對部門或公司近期和長期的發展方向、使命非常清晰　1 2 3 4 5

2.　你非常熱衷於共建部門或公司，並以賦能其發展為使命　1 2 3 4 5

3.　你對自己當下在做甚麼和將來要做甚麼非常清晰　1 2 3 4 5

4.　你明確知道自己為甚麼選擇做現在和未來的事情　1 2 3 4 5

5.　做事時，你清晰知道可以從哪裏獲取動力　1 2 3 4 5

6.　你明確知道自己和他人相比，有哪些與眾不同的特質　1 2 3 4 5

7.　不管做任何事情，你都清晰知道自己最關注甚麼　1 2 3 4 5

8.　你總是能在不確定的情況下做出相應的決策　1 2 3 4 5

9.　你在分工協作中總是遊刃有餘　1 2 3 4 5

10.你喜歡能讓人學習、思考、成長且給人自由的工作環境　1 2 3 4 5

11.你渴望擁有更宏大的目標和深度參與的機會　1 2 3 4 5

12. 你不希望被限制，渴望嘗試多種任務　　　　1 2 3 4 5

13. 你能站在高維度看清方向，又能敏捷、務實地解決問題　1 2 3 4 5

14. 你會審視與競爭者的關係，能和對方發展為夥伴或朋友　1 2 3 4 5

15. 你常常能找到破局點，善於整合內外部資源，全力投入　1 2 3 4 5

16. 你更注重賦能、利他、共贏，並著力營造這樣的氛圍　1 2 3 4 5

17. 你能夠充分影響他人，並調動相關資源　　　　1 2 3 4 5

18. 你善於分析、計劃、實施，善於對細節進行管控　1 2 3 4 5

19. 你能夠放下一切固有和確信的想法，嘗試新的方案　1 2 3 4 5

20. 你希望自己不斷變化，能力、意識等有所增長　　1 2 3 4 5

統計上述問題的得分，你的總得分：_____。

【得分説明】

- **65-100 分**：你是一個典型的「ICO 型」人才，你不但立志將自己培養成一個「超級個體」，還希望與其他人很好地聯結、協作，最終促成共贏的局面。

- **35-64 分**：你是一個具有「ICO」潛質的人才，你可能正在將自己培養成一個「超級個體」，也可能更熱衷於成為一名善於聯結、協作的人才，總之，你願意創造共贏的局面。

- **0-34 分**：比起多變的環境、更多的挑戰而言，你更喜歡或享受相對穩定的模式，這也意味你需要主動邁出一步，才有可能滿足新時代的特定需求。

這是一份實在的問卷，你可以每個月測試一次，一共 18 次，也就是在一年半的時間裏，看看自己會有甚麼變化，趨勢如何，並將得分記錄在圖 4-2 中。

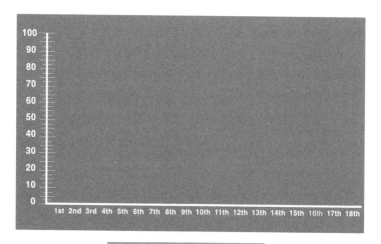

図 4-2 「ICO 型」人才自測表

3 個心法助你從「做」到「成為」

在眾多特質中，我們首先要讓自己成為超級個體，而在成為超級個體的過程中，需要着重訓練哪些能力與樹立哪些意識？一個人只有很好地處理及解決問題，其不可替代的價值才能得以彰顯；一個經常幫助上司解決難題的人，也是最先得到提拔的。職場中，還存在下面兩種情形：

第一種：看似坦誠　實則推卸責任

職場上，在竭力尋找解決方案和藉口的員工之間，還存在另一類人。這類人遇到問題時會看似坦誠地對上司說：「你看怎麼辦？」這種坦誠看起來比找藉口好，事實上，「你看怎麼辦」的潛台詞可能是：這是件麻煩的事情，還是你親自解決吧。

第二種：看似負責　實則攬責

一般而言，晉升到管理層的人都是業務能力極強者，但這也

引發另一個弊病：管理者，尤其是新晉管理者，總喜歡凡事親力親為，他們不放心將事情交到其他人手上，還不如自己做完了事。

正是由於這兩種情形的存在，現實中很多管理者都在有意無意中充當「幫助者」的角色，而員工則成了「被幫助者」。實際上，不論是「幫助者」還是「被幫助者」，都要在成長的過程中學會獨立。

每個人都需要獨立

只有敢於放手，壓抑自己的控制慾，才能換來雙方真正的成長。那如何幫助你和你的「重要他人」獨立，從而獲得成長呢？

結合威廉‧安肯企業管理顧問公司首席執行官威廉‧安肯三世（William Oncken, III）研發的「安肯自由量表」，我將人在個人發展和成長過程中經歷的階段進行了進一步拆解，將其調整為 6 個階段，這 6 個階段分別對應「做」（Doing）和「成為」（Being）兩個層級，呈金字塔成長模型，如圖 4-3 所示。

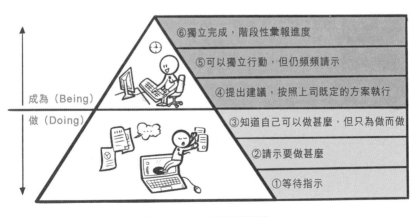

圖 4-3　金字塔成長模型

做（Doing）：關注事情，為事情和任務本身工作

在金字塔成長模型中，最下方的①－③這 3 個階段只集中在做事，只為事情和任務本身工作。處於這 3 個階段的人，要是等待，要是請示，或只是為做而做，雖然他們也可以完成任務，但他們的行動只停留在執行層面。

成為（Being）：關注未來，為價值和意義工作

以上④－⑥階段則集中於成為甚麼樣的人，並為價值和意義工作。處身這 3 個階段的人，能夠主動思考、行動，願意提出建議，能夠獨立承擔責任，還能做好向上管理。

如果我們剛剛踏進職場，晉升為管理者，或剛剛開始負責某個新項目時，仍然可能處於「做」的階段，但對於那些優秀的職場人而言，他們能夠比其他人更快地讓自己從「做」切換到「成為」，因為他們清楚知道自己需要為價值和意義工作，畢竟人們處在哪個階層就會呈現那一階層特有的表現。

避免 5 個謬誤，從超級個體到良性協作

在《至關重要的關係》一書中，領英的創始人兼執行董事長里德·霍夫曼（Reid Hoffman）指出，當公司裏的每個人都能做到自運轉時，這家公司才有可能良性運轉，進而成為一個有生命力的生態系統。

> 自運轉代表獨立，人與人之間的配合考驗原則是協作，協作也是整個系統得以搭建和運轉的核心，只有真正具有協作能力的人才能獲得足夠的系統效率。

想讓每一個超級個體實現良性協作，需要注意避免陷入以下 5 個謬誤：

1. 把「管理」當管家

對管理者而言，最要緊的不是你在場時大家做了甚麼，而是你不在場時發生了甚麼。當你不在場的時候，人們如何完成工作，如何相互協作，尤其是如何應對關乎企業命運的突發事件……這些才是真正的考驗。所有管理者都應該刻意創造機會，讓員工真正主動、自發地投入工作。同時這也是在構建一個重要的系統：當每個人都被如此「刻意」訓練並順利「畢業」後，系統才能良性、持久地自運轉。

2. 把「能做」當能力

人們之所以會不自覺地主動選擇那些自己做過且擅長的事，是因為正反饋循環中的獎勵機制在發揮作用，當我們不斷被事情完成後產生的喜悅所激勵時，就會產生更強的滿足感。我們誤以為這些擅長的事情，就是最有價值、最重要、最值得花時間去做的事，愈是擅長就愈做，愈做就愈不願意放手，值得注意的是，並非所有你能做（擅長）的事，都是提升你能力的事情。背後目的是讓你建立刻意尋求突破的意識。強迫自己和員工做困難的事情，對大家都有幫助。

3. 把「局部」當全部

當身處某個位置、負責某個項目，甚至承擔生活中的某個角色時，我們大都會把自己放在中心，運用自我角度或某個單一視角看待問題，甚至把局部誤判為全部。其實，這種局部思維容易限制我們看待事物的角度，無法幫助我們清晰了解全部。真正的高手善於找到並把握關鍵局部，同時又關注全部，所以適當抽離，用多維的視角逆向分析與觀察，你才能更加客觀地作出相對合理、恰當的解決方案。

4. 把「集權」當授權

有些下屬覺得自己的上司沒有充分授權，但其實從管理的角

度言，管理者確實需要對關鍵事項進行管理，但這並不代表管理者不需要充分授權。正如谷歌公司倡導「適當休假並讓其他人補上空缺，以確保每個人都有機會得到很好的鍛煉」那樣，適時脫離現在的崗位，讓自己有機會抽身去挑戰和處理其他有難度且更重要的事。請記住，**要學會把你的「重要他人」從「手足」變成「頭腦」。**

5. 把「圍牆」當開放

在訊息阻隔的環境中工作是很有挑戰性，訊息的不通暢讓很多事情無法呈現全貌，以至於人們總是難以高效地取得滿意的結果。這種企業文化帶來的副作用很明顯，每個部門、每個人都在做自己的那點事情，相互不交流，組織效率更是極低。可怕的是，這並不是因為需要秘密開發一條業務線所採取的策略，而是這家公司的常態。不管在企業發展中，還是在個人發展上；切記，不要把「圍牆」當開放。新時代的競爭甚至跨界競爭從來不是圈地為王，而是協同共贏。

運用「迪士尼策略」，將不可能變為可能

在新型組織以及多變的市場環境下，我們常常會面臨「剛做好計劃，下一秒就發生變化」的情景，這對任何人來說，都是一項巨大的挑戰。正因為無法預測未知，駕馭不確定性就成了新時代的普遍性挑戰。我們該如何應對呢？

有一個策略很值得去採用，它就是「迪士尼策略」。首先去了解迪士尼公司的創始人華特‧迪士尼（Walt Disney）。華特‧迪士尼之所以被稱為創意天才，得益於他經常使用這項非比尋常的頭腦想像策略。每當他產生一種新創意時，他就會在頭腦中扮演 3 個不同的角色，通過這 3 個不同角色的不同角度來逐步驗證，以找到實現創意最可行的解決方案，並真正實現它們。

「迪士尼策略」是一套非常有效的頭腦想像策略，這裏的「想像」一詞源於華特‧迪士尼。這一策略的關鍵並不是去否定那些看似不着邊際的想像，而是先鼓勵頭腦中產生的任何想法，不管它們看起來多麼離譜，都只專注於通過現實的實幹，結合極致的批判精神反覆驗證，最終得到可行的解決方案，並將其變成現實。

策略中提到的 3 個角色分別是：夢想家（Dreamer）、實幹家（Realist）和批評家（Critic）。

- 夢想家：提出的所有想像不受任何現實條件的影響，也不需要顧慮它們能否實現，夢想家只負責自由地暢想。在夢想家的任何假設都被允許。
- 實幹家：帶着實幹的使命，努力實現夢想家設想的所有「不着邊際」的想像，模擬實現的過程，挖掘具體可行的行動路徑和實施步驟，想盡一切辦法將想像變為現實。
- 批評家：只與實幹家對話。批評家像一個智者，需要將實幹家沒有考慮的所有現實因素提取出來，提出問題，再由實幹家論證其可行性。

當然，批評家提出的批評和質疑大多是圍繞如何真正實現夢想。當批評家提出批評後，實幹家根據質疑一一回應，找到可行的解決方案。這樣做的目的是通過批評家與實幹家的反復論證，將夢想家提出的夢想真正變為現實。

在了解不同角色背後代表的意義後，我們再來看看在運用「迪士尼策略」時，有哪些關鍵的實施步驟，步驟細則如圖 4-4 所示（後頁）。

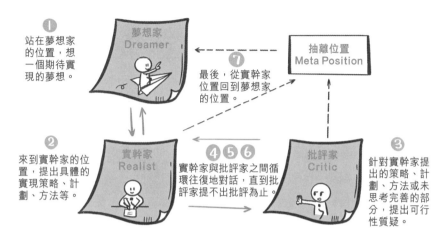

① 站在夢想家的位置,想一個期待實現的夢想。

夢想家
Dreamer

⑦ 最後,從實幹家位置回到夢想家的位置。

抽離位置
Meta Position

② 來到實幹家的位置,提出具體的實現策略、計劃、方法等。

實幹家
Realist

④⑤⑥ 實幹家與批評家之間循環往復地對話,直到批評家提不出批評為止。

批評家
Critic

③ 針對實幹家提出的策略、計劃、方法或未思考完善的部分,提出可行性質疑。

圖4-4 「迪士尼策略」應用步驟

（1）選定一個想要解決的具體任務。

（2）在3張白紙上寫上夢想家、實幹家和批評家。然後將這3張紙放在不同位置。如圖4-4所示,批評家不可與夢想家在同一條直線上,不可直接與夢想家對話。

提示:如果你將這項策略應用在團隊中,則應給人員提前進行不同角色的分工。

（3）先站在夢想家的角度,思考你最想實現甚麼。你可以不受限地充分發揮自己的想像力。這一步中,最重要的就是不要自我設限,允許自己有任何想法。

團隊應用策略:請代表夢想家的成員發言或寫下自己的想法等。

（4）充分想像後,從夢想家的角色中走出來,調整幾秒。然後,代入實幹家的角色,集中精力思考如何實現剛才夢想家提出的夢想,要不斷問自己怎樣才能做

到。此時要把「做不到」、「做不好」等念頭拋開，專注於思考應該如何詳細執行，如何才算達成目標，由誰執行等等。

團隊應用策略：請代表實幹家的成員商議對策，拿出可行方案等。

（5）充分思考如何才能做到後，從實幹家的角色中走出來，調整幾秒後，代入批評家的角色，並開始思考還有沒有甚麼漏洞，誰會反對，以及在剛才夢想家和實幹家思考的事項中，哪些與現實情況最相符，還有哪些因素會導致這些想法不能被付諸實踐等。

團隊應用策略：請代表批評家的成員指出可行方案中的漏洞，結合現實提出質疑等。

（6）如果可能，記錄之前所有的思想活動，從批評家的角色中走出來。這時你可以根據實際情況，選擇是否需要重複步驟（4）和步驟（5）。如需要就回到實幹家的角色，再進行循環往復的驗證，直到有滿意的方案，再回到實幹家的位置。

● 需要特別提醒大家，不要擔心是否應該在步驟（4）和步驟（5）上耗費太多的時間，你可以放心重複這兩個步驟。

● 當你處在批評家的位置和角色中時，不要與夢想家對話，因為夢想來之不易，不要去質疑。質疑只能發生在實幹家與批評家之間。在實幹家和批評家兩個位置上反覆論證，直到拿到滿意的可行方案為止。

● 最後再來到步驟（7），經實幹家回到夢想家的位置上。

團隊應用策略：實幹家成員就批評家指出的漏洞、質疑等做研討、修訂，這個環節可以循環往復，直到得出大家全部認可的可行方案為止。

（7）等得出最終的具體方案後，從實幹家角色中走出來，調整一下，來到夢想家的位置，給自己一個鼓勵，祝願自己夢想成真。

團隊應用策略：團隊成員一起自願承諾投入，相互賦能並預祝夢想成真。

當然，除了你自己訓練，你還可以把這項策略應用在團隊中，這項策略可以幫助我們運用 3 種不同角度，充分驗證，減低不確定性，將不可能變為可能。

02

找到燃起機會的
關鍵四要素

如何可以開好會？

哈佛大學商學院的研究小組進行一項調查，邀請了來自 94 家公司的行政總裁，並為他們進行了為期一週的工作記錄。數據顯示，這些高層管理者有 60% 的時間是在開會。職位愈高，開會的頻率愈高，開會時長愈久，開會成了職場的常態。

我們從來不在會議上工作，而是在開會後才各自奔赴「戰場」，會議中確定的計劃也都是在會議後被落實。因此，會議是在離開會議室後才真正開始的。

> 我服務過一家企業，其內部的會議模式與眾不同。會議上，永遠只有老闆一個人講話，其他人不管職位高低都只是聽，會議常常被發展成小型培訓。雖然每次會議都有不同的主題，但每次開會都以這種模式進行。讓我意外的是，我原本以為會議結束後，除了老闆一個人滿足，其他人會垂頭喪氣，但他們沒有。他們更關心的是如何把事情做好。

會議不管採用甚麼方式召開，都只是建立共識的一種方式。雖說讓會議變得更加高效很有必要，但是堅持將達成共識的事付諸實踐，才是更應該堅守的信念。在職場，想要堅持這種信念並真正把事情做好，不是容易的事，但也並非無法實現。

在揭曉培養這種意識的方法之前，我們先來看一個重要的管理工具。阿里巴巴集團完整、系統的管理之道一直被很多企業爭相學習。阿里一直有專門針對不同管理層級的「三板斧」訓練。其培養基層管理者的「三板斧」——定目標、追過程、拿結果，是適合所有職場人的基本技能。依循阿里巴巴集團的基層管理「三板斧」，結合本章要點，以下將其整合為：「定目標、追過程、拿結果、勤複盤」四個關鍵步驟，並把這 4 個關鍵步驟稱為燃起機會的關鍵四要素，如圖 4-5 所示。

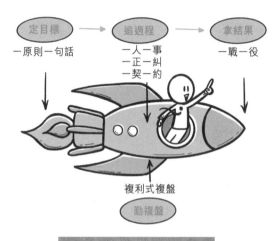

圖 4-5　燃起機會的關鍵四要素

定目標：明確目標，着力實現目標

在定目標階段，除了明確目標，讓其可實現，還要兼顧目標的易懂性、傳播性，讓每一個看到、聽到目標的人都知道如何行動。

一原則一句話

定目標最有效的工具不外乎「SMART 原則」，我們在第一

章第三節中介紹了使用這個工具的方法，如果你還未能掌握，建議你回顧學習，這就是「一原則」。

史提夫‧喬布斯（Steve Jobs）就是一位「一句話」理念的實踐者，他擅長設定「簡單易懂的目標」。比如關於商品的理念，其「一句話」就是：「**今天，蘋果將再次發明電話。**」、「**只留一個按鈕。**」等等。著有《好文案一句話就夠了》一書的日本知名廣告人川上徹也，曾強調，「有時短短的一句話就能決定成敗」。

 喚醒時刻

⏻ 依據「SMART 原則」制定任務目標，並將該任務目標濃縮成一句話。

你的任務日標是：＿＿＿＿＿＿＿＿＿＿＿＿＿＿＿＿＿＿＿＿＿

追過程：找到關鍵點，把中間環節扣緊 🔍

「追過程」是目標執行過程中的關鍵管理環節，也是一個長期動態的過程。這個動態管理環節是為了幫助我們階段性檢視過程中發生的一切，確保我們一直處在完成任務的正確軌道上，以便最終按時完成任務。

「追過程」離不開目標，講求追蹤每一個細節，細節愈清晰，愈能明確界定問題出在哪裏。另外，我們還需要秉持 3 個理念──「一人一事」、「一正一糾」和「一契一約」。

一人一事

矽谷創投教父、貝寶（PayPal）創始人彼得‧提爾（Peter Thiel）說過：「我在管理貝寶時，做得最棒的就是讓每個人

只負責做一件事。每個人的工作都是獨特的，且他們知道我只以此作為評判標準」。這樣做的本意是簡化管理，且注意到一個更深層的成果：**界定角色可以減少矛盾**。但凡想做成一件事，必須有一個明確的負責人。一旦陷入「責任分散效應」，這件事很可能會無疾而終。所以，明確每個人的任務，讓他們獨立完成工作，這一點很重要。

一正一糾

「一正」指的是激發創意，「一糾」指的是糾正偏差。在「追過程」環節，我們容易陷入具體的事務中，很難有時間、精力或意識抬頭看看整個系統正在發生甚麼，這也極容易造成思維局限，無法在過程中看到全貌，以至在行動過程中偏離軌道。所以，這也是我們需要不斷審視和調整的原因。

一契一約

很多企業在制定目標時，都會推行監督機制。監督機制的本質其實是強勢的一方對弱勢的一方強加監督的方式。然而，一旦有強制，勢必會有反彈。所以，在制定目標的過程中，提倡大家建立「一契一約」的機制。契約機制不是單方面強加或脅迫的條款，而是各方在自由平等基礎上的守信原則。「契」是企業和員工之間，或管理層和員工之間達成的共識；「約」則意味着員工對企業和自身，或員工對管理者和自身，主動做出的雙向承諾。這種共識不是一種交換行為，而是一種合作行為。

拿結果：不要等到最後一秒再返工

誰都清楚在最後一秒返工只會讓你非常被動，事實上，我們總是會無意識地把自己或對方置於這樣的境地。許多時，並不是我們已具備一些能力，就可以選擇在最後一秒才把結果丟給他人。如果這個項目是團隊作戰，更要注意避免這個陷

阱。這裏指的最後一秒不但包括整個項目截止前的最後一秒，還有我們為確保這項任務順利完成而約定的中間檢核時間。

<h2 style="text-align:center">一戰一役</h2>

工作時，我們需要與上司、同事乃至下屬約定好一些必要且大家彼此認同的中間檢核點，確保我們不至於在最後一秒發現問題時，再急忙修正。設置好戰役節點，可以幫助我們緩解大目標帶來的壓力，從而一步一步完成小目標，實現最終目標。另外，一戰一役取得的階段性成果會不斷給我們帶來積極、正向的效果，這不但有助於增強信心，還能激發我們完成目標的持續動力。需要注意，戰役節點不要設置得太密集，頻繁的刺激反而會阻礙創造力的發揮。

勤複盤：哪些事可以複利運行

這裏提及的複盤，要達到兩個目的：一是複盤，二是複利。探討的不僅是對某一項任務的複盤，也不僅是投資金錢時談到的複利，而是一種複利式複盤思維，稱之為「複利式複盤」。如何做好複利式複盤呢？現實中，有 80% 都屬共性問題，只有 20% 屬個性問題。複利式複盤就是讓我們學會使用 20% 的時間，實踐、總結、提煉、形成規律，以解決 80% 的共性問題，這也符合時間管理中重要的「二八法則」。

我們也可以運用這 6 個步驟，自我檢核，逐步精進，如圖 4-6 所示（後頁）。

圖 4-6　複利式複盤

1. 回顧目標

在複盤過程中，一切以終為始，從目標開始，確認目標是否清晰，是否達成共識，是否有明確的分解計劃等。

2. 敘述過程

在「追過程」中，我們強調如何跟進過程，既要講求過程的完整、細緻，又要確保不誇大、不渲染事實，還要關注箇中邏輯。每一個環節都需要保持客觀、真實。

3. 評估結果

當目標和過程都正確時，需要檢核結果是否和我們預期的一樣。如果有差別，就要明確不同之處，找出差異，明白是更好了還是更壞了、是更節約時間，還是更消耗時間等，繼而創造機會。

4. 分析原因

分析是否到位決定着複盤是否有效，也直接影響我們能從複

盤中學到甚麼、收穫多少。其實，分析、評估也是對齊目標、找出差距的過程，把原因羅列清楚，然後加以分析，看看到底哪些地方是致命的，一定要避免；哪些地方可以優化，如何重點優化。

5. 推演規律

「推演」是借用已有的事實、經驗、依據進行假設，再驗證假設的過程。任何事物在發展過程中都會遵循一定的規律或原則。推演規律也是在提煉做事原則，提煉方法論。

6. 形成文檔

形成文檔有助於留下最真實、準確的記錄，避免遺漏、遺忘，便於未來修正。這是未來複利的關鍵動作，當形成相關的指導手冊後，再犯同樣錯誤的機率就會降低，且不管甚麼能力水平的人，都可以通過文檔建立對該事項的基本認知與了解，從而在稍加培訓甚至完全不用培訓的情況下，勝任這項任務，這就是一種可傳承的複利。

喚醒時刻

複盤事件：＿＿＿＿＿＿＿　　複盤時間：＿＿＿＿＿＿＿

回顧目標：＿＿＿＿＿＿＿＿＿＿＿＿＿＿＿＿＿＿＿＿

敘述過程：＿＿＿＿＿＿＿＿＿＿＿＿＿＿＿＿＿＿＿＿

評估結果：＿＿＿＿＿＿＿＿＿＿＿＿＿＿＿＿＿＿＿＿

分析原因：＿＿＿＿＿＿＿＿＿＿＿＿＿＿＿＿＿＿＿＿

推演規律：＿＿＿＿＿＿＿＿＿＿＿＿＿＿＿＿＿＿＿＿

形成文檔：＿＿＿＿＿＿＿＿＿＿＿＿＿＿＿＿＿＿＿＿

03

看不見的地方
也需要管理

犯錯應該是一種享受

我曾跟隨瑪麗蓮·阿特金森博士（Marilyn Atkinson，PhD）學習，讓我真正見識了一位 77 歲高齡的全球領導者如何在 40 年的時間裏激勵全球 87 個國家和地區數以萬計的人。瑪麗蓮博士在犯錯這件事情上，一直堅持兩個原則：第一，「犯錯了，先慶祝一下」；第二，「只犯有用的錯誤」。

在職場中，人們一聽到犯錯就如臨大敵；許多父母在教子女時，對錯誤更是避之唯恐不及。殊不知，歷史上很多錯誤都推動了社會的進步。德國著名作家歌德在《浮士德》中坦言，「人只要奮鬥，就會犯錯」。要想不斷進步，就必須不斷嘗試，只要不斷嘗試，就難免犯錯。犯錯，常常與進步結伴而行；犯錯，其實是進取和成長的表現。

犯錯了，先慶祝一下

我們不願意主動承認自己的錯誤，很大程度上是由於不想面對犯錯後出現的混亂局面。在學習過「犯錯了，別急，先慶祝一下」這方法後，我有一位朋友就分享了他的轉變。

> 有一次，他 12 歲的兒子因為考試犯錯丟了分，在學校受到老師的批評。兒子個性好強又要面子，所以當他去接兒子時，兒子雖然沒說甚麼，但是狀態一直不

好。後來，在他的開導下，兒子終於道出實情。聽到這個消息的他一直沒有說話，腦海裏卻在迴響着「犯錯了，別急，先慶祝一下」。

然後，他對兒子說：「我們今天不回家吃飯了，今天出去吃，去慶祝一下。你想吃甚麼？」兒子一臉詫異地看着平時異常嚴肅的他。父子到了餐廳，開開心心地吃。快吃完時，兒子對他說：「爸，我覺得我這次是完全可以考好的，只是因為看試題的時候馬虎才犯了錯。但老師那麼說我，我確實有點不開心，我決定回去再做幾遍，下次絕對不會再犯這種錯誤。」

作為父親，因為他知道，雖然他表面上和兒子有說有笑，心裏正在琢磨該怎麼和兒子談，應該先擺事實、講道理，還是先分析利弊、再說清利害？畢竟兒子面臨升中考試，實在馬虎不得……沒想到，兒子竟然主動開了口，還自己提出避免再次犯錯的想法。此後，他把這種方法應用到團隊管理中。他說：「這種方法幫助團隊重新找回了彼此坦誠的氛圍，還激活了大家積極進取的狀態。」

跌倒是一件重要的事情，也正是這些挫折，為產品的優化、創新以及管理的嚴謹、完善提供了必要的加速條件。顯然，這樣的意識和表述方式需要一段時間適應，但擔心、恐慌的心理只會讓人持續犯錯，甚至發展為在極小的事情上持續犯錯。而這種方法不但能幫助我們自己，還能幫助其他人卸下防備，真正客觀地看待錯誤，並在錯誤中成長。

只犯有用的錯誤

有些公司，要求員工把當天犯的錯誤和不良後果全部記錄在「問題日記」裏，並約定，如果員工出現問題卻不將其寫進日記，就會被追究責任；如果主動寫到日記的，哪怕這個錯誤再大，公司也不會因此辭退一名好員工。這種管理方式不

僅加深了人與人之間的信任與理解，也為公司的良性管理打下了堅實的基礎。

犯了錯卻不去梳理、總結、反思、改正，那麼這次犯錯就毫無意義。我們應該把每次錯誤當成有用的錯誤對待，並爭取類似的錯誤只犯這一次。這才是「只犯有用的錯誤」的真諦。提醒大家，在大是大非面前，還是要堅守原則，不要犯錯。

試着拖一拖，享受拖的樂趣

> 1991 年，美國著名經濟學家佐治·阿克洛夫（George Akerlof）在一篇題為「拖延與順從」的論文中自述他的拖延經歷。當時，他需要將一箱衣物從印度寄往美國。他預計這件事需要用一個工作日處理，於是決定晚點再寄。結果日復一日，這件事被足足拖了 8 個多月。在這 8 個多月裏，他每天早上醒來，都決心第二天一定要將箱子寄出，但一直沒有付諸行動。

他的這一表現使拖延成為學術界一個研究的課題，許多哲學家、心理學家和經濟學家紛紛加入其中。拖延漸漸被視為以推遲的方式逃避執行任務，或做決定的一種特質或行為傾向，是一種自我阻礙和功能紊亂的行為。

拖延真的一無是處嗎？拖延並非毫無益處。人們之所以拖延，很多時是因為還有選擇，至少在拖延還沒有發展成拖延症習慣之前，它其實只是一種帶有選擇傾向的行為模式。

- 先不付錢，也許這件衣服明天就減價；
- 先休息一下，過 10 分鐘再去做那件讓人勞累的家務；
- 先打遊戲機，明天再去整理這項棘手的方案；等等。

美國心理學家尼爾‧菲奧里（Neil Fiore）博士在總結了他與成千上萬名拖延症患者合作的經驗後，發現他們拖延的原因相同：「拖延可以帶給人們暫時釋放壓力的快感。」

無可否認，在可以選擇時，我們總是傾向於優先選擇那些能給自己帶來即時愉悅感的事。我們要做的是訓練自己有節奏地管理拖延，把拖延變成一種正向、積極的過渡行為，幫助我們更好地取得成果。其實，有時候有節奏地拖一拖反而會起到某種積極作用。

> 我身邊就有這樣一位女性 CEO，她的情況極具代表性。她是阿里巴巴最早期的員工，後來創辦了自己的企業，她身上就有一個很好的品質——驗證精神。
>
> 作為一名創業公司的 CEO，她從不草率地使用自己的行動力。打算做某件事情時，她也從不魯莽地想到就行動，而是先做研究，與客戶、投資方或跨行業的朋友談……為了處理一個問題，她可以一天打 30-50 個電話，一年見 300-500 個人。
>
> 當你問她一項任務甚麼時候執行時，她有時會這樣回答：「這件事我還沒想好，我還需要再想想。」而「想想」並不代表她不去行動，相反她是一個行動力極強的人，她的「想想」更多的是在補充訊息，做進一步驗證。

不管是制定戰略還是做出決策，她都有自己的一套方法，而這類似商業模式推演的方法論，綜合下來有六步。

第一步：與客戶溝通

她會帶着思考過的問題與客戶溝通，大家在相互交流的過程中總會得到新的靈感和啟發。

第二步：向專家請教

她會帶着思考過的問題與行業內的專家溝通，向他們請教（這些專家包括投資人、創業者等），與他們探討，同時提出自己的見解。

第三步：找用戶研究

她會帶着思考過的問題向真正有需求的人求證，這類似用戶調研。放心，真正有需求的人會很樂意告訴你其真實的需求。

第四步：留點時間，放空思考

她通常會留一點時間思考，自己寫寫畫畫，看看有甚麼新的想法冒出來，然後將其補充進去。

第五步：梳理自己的優勢

綜合以上所有需求、反饋、訊息以及自己的深度思考後，她開始配合需求，梳理自己能夠解決和實現的部分，輸出自己的體系方法論，做好行動前的準備。

第六步：快速行動驗證

最後就是快速行動，用行動去驗證，再逐步更代。有趣的是，她每次開會總會說：「這是我的直覺」。之前一直不理解，甚至認為頻繁運用自己的直覺做決策，太草率了。

休斯敦大學布芮尼·布朗（Brené Brown）博士的研究指出：「直覺並不是完全脫離理性思維的，也不是一種單一的認知方式，而是經過大腦觀察、掃描，並將觀察的內容與現有的記憶、知識、經驗等進行一系列匹配後的結果。」這裏提到的「拖一拖」其實是一種深度思考的過程，過程中，我們可

以站在更多維的視角，收集更多元的訊息，聽取更中肯的建議，甚至形成類似直覺的下意識的外在反應機制，而這種反應機制往往能幫助我們果斷做出看似不明智實則正確的選擇或是決策。

或許，這也是大多數優秀的企業家能夠憑藉直覺抓住機遇的關鍵所在。在矽谷創業大師史蒂夫‧布蘭克（Steve Blanc）也有類似的解釋，他解釋頓悟時刻（Moments of Truth）的過程不謀而合，其步驟一共只有三步。

第一：與盡可能多的人溝通。 這些人和你愈是不同，視角和思維模式愈迥異，對你產生新的思考愈有幫助。

第二：執着於你正在思考的問題。 這意味着你要建立一系列商業模式假設，然後通過用戶驗證這些假設。這個過程一般比較吃力，卻是令你收穫最大的部分。

第三：拖一拖，休息一下。 做一些能真正讓你放鬆的事情，從思考的事情和具體行動中抽離。這也是關鍵的一步，因為洞見和頓悟可能會在這時發生。

當然，不管是六步還是三步，我們探討的是拖一拖的魅力，以及拖一拖給我們帶來的幫助。哈佛大學的科學家謝利‧卡森（Shelley H. Carson）提到，分心會帶來一個「孵化期」。期間大腦會繼續下意識地在原有問題上工作。在拖之前充分思考，繼而放鬆、抽離，不管是戰略、決策還是細小的決定，都可以如此嘗試。

最後提醒大家，這裏指的並非無限制地拖延，而是一種短暫放空的狀態，讓自己切換頻道，繼而再次獲得創造力。另外，這類「拖延」也不僅僅是一種樂趣，而是自我管理方面一項不可或缺的行動。

我曾看過這樣一則故事。

> 一隻北極熊原本在雪地慢慢走着，突然，牠看見後面有敵人出現，隨即拼命加速，向前奔跑，牠邊逃邊回頭看，以確認情況是否危險。後來，牠的奔跑速度逐漸慢下來，也許是確信已經足夠安全，牠漸漸停住了。
>
> 不可思議的是，牠四肢趴地，身體開始瘋狂地抖動，抖了好久好久。那種情景就像一個受驚的人在不由自主地顫抖。過了一會兒，這種因威脅而產生的自然反應才慢慢消失，牠恢復了正常狀態。北極熊又開始慢悠悠地散步了。

這個故事讓我意識到原來情緒是一種身體能量，北極熊也有情緒，牠也會自己調整，人更是如此。事實上，情緒的出現是為了保護自我。

- 在面對羞辱時，我們可能會跳起來，用生氣來掩蓋自己的壓抑；
- 在面對攻擊時，我們可能會失聲尖叫，用憤怒來掩蓋自己的恐懼；
- 在面對質疑時，我們可能會用無休止的辯解來掩蓋自己的憤憤不平；等等。

其實，情緒無好壞，正是這些不同的情緒構成了我們完整的個體，也正因為有了這些不同的情緒，我們才有機會感受和體驗截然不同的能量狀態。正如心理學教授大衛·霍金斯博士（David R. Hawkins）經過 30 多年的研究製作的「情緒能量層級圖」顯示的那樣，當能量層級為「正」時，我們會開心、愉悅，更有安全感；而當能量層級為「負」時，我們會痛苦、自責甚至羞愧，如圖 4-7 所示。

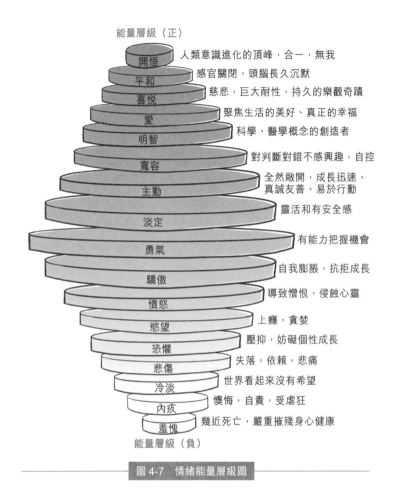

能量層級（正）

開悟 — 人類意識進化的頂峰，合一，無我
平和 — 感官關閉，頭腦長久沉默
喜悅 — 慈悲，巨大耐性，持久的樂觀奇蹟
愛 — 聚焦生活的美好、真正的幸福
明智 — 科學、醫學概念的創造者
寬容 — 對判斷對錯不感興趣，自控
主動 — 全然敞開，成長迅速、真誠友善、易於行動
淡定 — 靈活和有安全感
勇氣 — 有能力把握機會
驕傲 — 自我膨脹，抗拒成長
憤怒 — 導致憎恨，侵蝕心靈
慾望 — 上癮，貪婪
恐懼 — 壓抑，妨礙個性成長
悲傷 — 失落，依賴，悲痛
冷淡 — 世界看起來沒有希望
內疚 — 懊悔，自責，受虐狂
羞愧 — 幾近死亡，嚴重摧殘身心健康

能量層級（負）

圖 4-7　情緒能量層級圖

如果人們只能感受到正向的能量，比如愛和喜悅，當愛和喜悅變得平常時，人們會因無法分辨而變得不懂珍惜；所以每一種情緒都重要，要學會管理而非控制。

情緒來了，先給自己一個積極的暫停

有人可能會想，有了情緒就先迴避，這樣做是否欠妥？這種感覺就像你與同事起了衝突，老闆過來想要了解，你卻對老闆說：「對不起老闆！我想先冷靜，請你過一會兒再來。」這種說辭好像總是會讓想要「勸慰」你的人覺得有點尷尬。

其實，這種稍等一下再處理的方式，正是讓我們在回歸理性、冷靜之前，給自己和他人按下「暫停」鍵，這是一個必要的、積極的「暫停」鍵，這種方法也叫「積極暫停法」。

為自己設計一個積極「暫停」鍵

「積極暫停鍵」可以是一個真實的或想像的按鈕，也可以是內心某種聲音、念頭，某個喜歡的顏色、形狀，或是一處經過精心佈置的區域、角落……總之，你需要找到一個能夠讓負面狀態或情緒暫停的開關。這個開關可以幫助你從當下的狀態抽離，轉移焦點，辨別哪些是事實，哪些是想法，繼而幫助自己冷靜下來。

這時，你可以與自己獨處，然後問自己幾個問題。

- 這件事的本質是甚麼？
- 這件事是想告訴我甚麼？
- 在這件事中，我真正在意的是甚麼？
- 我所以有這反應，到底是出於情緒感受的需求，還是想把事情做好的需求？
- 如果是出於情緒感受的需求，嘗試告訴自己：我可以自我補給。然後，感受一下內心會發生甚麼。
- 如果是出於把事情做好的需求，嘗試放下「他在攻擊我」、「他就是看我不順眼」等，想像一下，對方真心為自己好，然後感受一下內心會發生甚麼。
- 這件事，這種情緒、感受的背後，有甚麼正面意義？
- 發生這件事對我、對其他人、對環境有甚麼積極的影響？

這些問題可以幫助你解釋，直到挖掘出誘發情緒的真相。在識別真相的過程中，你會發現有些現象可能真實存在，而有些可能只是我們的聯想。如果是真相，就去尋找解決方案；如果只是感受，就需要我們先調適自己的情緒，再客觀、積極地尋找解決方案。

區分正向情緒和負向情緒的根據是動力，而非感受，正如我們在「情緒能量層級圖」中看到的。有時一種給予我們更大動力的情緒，在感受上可能是負向，但它能助我們到達目的，這種情緒也可以被視為正向。比如，你想學習一項技能卻總也學不會，因此情緒感受很不好，但這對於成長和進步而言卻是有益的。而那些讓我們感到舒適、享受的正向情緒，比如我們經常講的舒適區，如果我們喪失了動力，那它們起到的也是負向作用。

運用積極暫停，讓自己成為情商高的人

運用積極暫停管理情緒，有助成長為一個擁有情緒智慧的人。過程中，我們會經歷五個階段。

認知情緒

正如「情緒能量層級圖」中顯示的那樣，我們清楚知道一個人擁有不同的情緒模式，也知道不同情緒對自己、他人以及環境的作用和影響。

覺察情緒

通過剛剛那些有效的問題，我們能清晰覺察出自己的情緒，並感知情緒。

向內探索

在壓力狀態下或出現問題時，我們能夠積極暫停，不去評判、指責自己或他人，不去抱怨環境，而是「向內看」，尋找自己的責任，尋求幫助與支持。

聚焦未來

覺察到情緒對自己和他人的影響後，我們能夠重新聚焦未來的目標和價值，不受不良行為及情緒的影響，積極調整和改變。

與他人共情

我們雖然沒有經歷過對方所經歷的一切,但這並不妨礙我們設身處地與他人共情。在這階段,我們開始能夠真正站在對方的立場,為他人着想,理解他人的情緒狀態,進而影響他人,同時能主動打造讓彼此更積極、正向且充滿能量的場域。

允許自己在積極暫停時做喜歡的事

有心理學家指出,「人不是因為悲傷才哭泣,而是因為哭泣才悲傷」這論點旨在點出,情緒不能引導身體反應,而是身體反應帶動了情緒的產生。所以,想避免陷入負面情緒,可以先試着改變行為,例如悲傷時就練習微笑,沮喪時試着抬頭挺胸。當然,無論先改變情緒,再改變行為,還是先改變行為,再改變情緒,其中沒有絕對的先後和對錯。你會發現,改變心態需要我們具備極為堅定的意志力,而改變行為相對容易,因為不用多想,做就是了。一旦行為改變,原本低落的情緒也會隨之改變。積極暫停法就是這樣的方式。

積極暫停不是懲罰,而是幫助自己先恢復冷靜、平和,繼而更理性地處理問題。拋棄那些「我不配擁有快樂」、「我應該遭受懲罰」的奇怪想法,你唯一要做的是讓自己恢復狀態,變得更好。

在積極暫停時,擁抱自己

一個人做錯事或情緒不佳,就必須受到責備、羞辱或經歷痛苦,並以此作為懲罰嗎?這種方式大錯特錯,這只會削弱我們的自信心,且對於解決問題毫無益處。我們要做的是為自己創造一種鼓勵氛圍。最直接、最簡單的做法就是給自己一個擁抱。當你處在負面情緒中,不要急着否定自己,先學會給自己一個擁抱,為自己創造一種鼓勵的氛圍。

我曾在一家遊戲公司工作，公司的同事可以穿着拖鞋、短褲上班。公司還有專門錄製音頻、視頻的錄播室，那裏播着各種音響，還有一排排的樂器。男孩有的留長髮，有的剃着光頭，女孩有的打扮成「男仔頭」；同事的辦公桌上擺放不同的公仔，有的人甚至將一個人高度的玩偶放在自己的枱面旁邊，公司每隔一段時間還會舉辦一場 cosplay 大賽，看誰的創意更獨特，造型更驚艷。

每逢遊戲上線內測，公司就會動員全體員工停下手頭的工作打遊戲。是的，你沒看錯，是打遊戲，而且是全體員工打遊戲。遊戲成績排名前三位的玩家還會獲得獎勵，獎品是動輒幾千元甚至上萬元的當季大熱的電子產品。

沒有體驗過這種工作氛圍的人或會皺眉頭説：「真的太亂了！」事實上，很多行業都有這樣特立獨行的氛圍。混亂沒甚麼不好，重要的是「有序」。説到有序，有一個工具可以幫助我們在混亂的狀態中保持相對有序，那就是「平衡輪」。平衡輪的多元化與兼併性可以幫助我們把所有導致混亂的因素顯性化，並在保持多元化的同時，有序地推進和完成計劃。難得的是，在出現新的變量時，我們同樣可以運用平衡輪敏鋭地覺察變化並加以管理。

接下來，我們將一起製作一個「工作平衡輪」並掌握它的使用方法，具體步驟如下。

收集

首先，選擇一項任務，找到這項任務中包含的所有環節和內容要素，然後拿筆劃個圓，將圓按照你選出的要素數量進行等分，最後把相關細則分別寫到空格內，如圖 4-8 所示。

圖 4-8　工作平衡輪

確認

繪製完成後，你需要確認是否存在未被添加的關鍵事項。如果需要添加事項，則重複第一步，重新畫一個「平衡輪」，或在現有「平衡輪」中，劃分出相應的部分。如果需要捨棄一些事項，那你要問自己是否真的捨棄，以及是否可以承受捨棄後產生的後果。如果反復確認後仍需刪除，直接刪除或劃掉即可，如圖 4-9 所示。

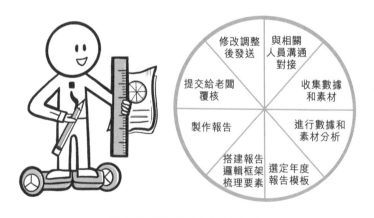

圖 4-9　調整後的工作平衡輪

在這一步中,你要給每個選項的要素計分,1 分最低(圓心處),10 分最高(圓環處),並按照扇形位置標注在平衡輪上。

在這一步中,我們要完成以下 3 件事:

- **逐一為每個要素的現狀計分;**
- **逐一為每個因素的期待計分;**
- **觀察整體,找出最關鍵且要最先完成的任務。**

計完分後,你觀察一下,在所有要素中,哪項任務的完成可以讓其他要素發生積極的變化,從而提升至你期待的分數,那選出這件事,優先完成。

比如,當「與相關人員溝通對接」從 3 分提高到 7 分時,「收集數據和素材」這項任務的完成度就會從 4 分提升到 8 分;「進行數據、素材分析」也會從 2 分提高到 7 分等,如圖 4-10 所示。

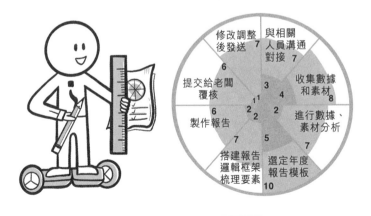

圖 4-10 賦值後的工作平衡輪

找到需要優先做的事情，馬上行動。當然，你還可以參照前文講到的「SMART 原則」，制訂更加詳細的行動計劃，然後立即着手完成。

保持更新

不管在哪個步驟中出現了需要添加或刪減的要素，你都可以隨時進行添加或刪減的操作。同時，按照第一步到第四步的操作方法重新檢核梳理。

要謹記，做計劃時，要寬鬆一點，留些餘地給突如其來的麻煩，也留些餘地給突如其來的機會。平衡輪的目的就是幫助我們在混亂中保持一定的有序性，你完全可以按照自己的節奏實時調整。

 喚醒時刻

- 不妨選定一項任務，給自己設計一個平衡輪。
- 看看你會先處理哪項任務，以及在突發情況不斷的情況下如何保持有序。

04

未來
能與機器對話的人最值錢

人類的思維已無法應對這個環境

進入 21 世紀以來，人工智能、雲計算、大數據、雲機器人、區塊鏈、城市大腦等新技術日新月異，互聯網大腦開始形成，數據成了互聯網大腦記憶及智力發育的重要基礎。人類所有的文明沉澱，開始被智能時代稱為數據。

此外，智能設備大大佔據了我們的心智空間，訊息、知識唾手可得，知識半衰期越來越短。在這大趨勢下，想要保持競爭力，除了不斷升級自己的思維認知、更新自己的知識見解、提高自己的做事效率，我們還需要學會在這個強大的智能時代與機器對話。

了解「DIKW」模型，構建「數據庫」

最早提出「大數據」時代到來的是全球知名的管理諮詢公司麥肯錫（McKinsey）。麥肯錫公司稱，「數據已經滲透到當今每一個行業和業務職能領域，成為重要的生產因素」。

了解「DIKW 模型」

「DIKW 模型」被公認為訊息管理的經典理論之一，模型的名字由數據（Data）、訊息（Information）、知識

（Knowledge）和智慧（Wisdom）四個英文單詞的首字母組合而成，這個模型向我們展現了數據是如何一步步轉化為訊息、知識乃至智慧，如圖 4-11（a）所示。這也是我們想要與機械智能對話，就要先了解底層數據的演變方式的根本所在。

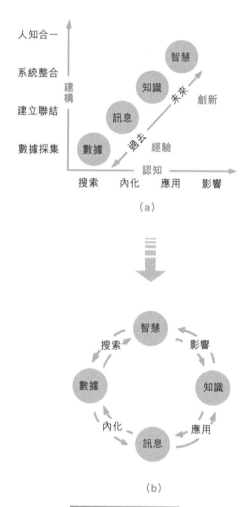

（a）

（b）

圖 4-11 DIKW 模型

「DIKW 模型」說明，我們管理訊息的能力分為四級，即 DIKW 模型的四個層次。

第一層：數據層

數據可以是數字、文字、圖像、符號等，但它們沒有被加工、歸納、解釋，沒有特殊的含義，是一種原始數據。這些數據可以通過搜索、採集等方式獲取，收集來的數據可以建立起「數據庫」。

第二層：訊息層

訊息是有一定含義的、經過加工處理的、有邏輯關係並對決策有價值的數據，可以這樣理解：

$$訊息 = 數據 + 處理（內化、聯結）$$

訊息是對數據的解釋，可以對某些簡單的問題給予解答，使數據具有意義。

第三層：知識層

如果說數據是一個事實的集合，從中可以得出關於事實的結論，知識就是訊息的集合，它使訊息變得有用，但知識不是訊息的簡單累加，它強調的是行動應用及系統整合。也就是說，知識讓數據與訊息、訊息與訊息在應用過程中建立起有意義的聯繫，以此解決更為複雜的問題。

第四層：智慧層

智慧是人類表現出來的一種獨有的能力，是收集、加工、應用、傳播知識的能力。

相比而言，知識層只教會人們使用現有數據，解決當前的問題，而智慧層則主要關注未來，關注事物發展的前瞻性。智

慧層最終實現的是人和知識的合一性，從而創造智慧，對未來產生影響。

建構你的「數據庫」

當了解「DIKW 模型」、數據演變的管理體系後，便知道數據其實是最底層的基礎，而這個基礎是為了幫助我們從數據層到訊息層，再到知識層、智慧層，層層遞進，逐漸搭建出一套完整的體系，如圖 4-11（b）所示，進而形成「搜索、內化、應用、影響」的循環輪。

循環輪的含義在於雙向作用、雙向演進。如何挖掘自己的數據，建立自己的「數據庫」呢？每個人都有自己的「數據」，當然，我們在探討的是從過去到未來的真實經歷、訊息、知識以至專業應對策略。你要做的就是集合這些數據，將其轉化為智慧，以應對未來的挑戰與需求。我們至少可從以下三個不同的層面入手集合這些數據。

第一層：你自己的數據

這層數據包括你過往的經驗、經歷，無論是成功的還是失敗的，都有參考的意義和價值。在這方面，需要強調的是：在特定需求下，我們傾向於提取那些相對具有更精準價值的數據。

第二層：他人的數據

這包括從歷史中得到的經驗、教訓，從前輩那裏學來的工具、方法，甚至是從同行、競爭對手那裏取得的訊息等。許多時，自己的經驗及慣常的應對策略其實無法應對現實需求，尤其在需要做出重大決策時更是如此。這時我們就需要充分搜集、獲取並分析、應用來自他人的數據資源，幫助自己決策，讓自己的決策更加可靠。

第三層：機器的數據

這裏提到的機器數據是真正的機器數據。比如，我們通過人工智能算法技術，輸入一些歷史參考數據，機器就能自動運算，得出未來的趨勢分析，甚至是相應的預測結果。要注意，機器數據是做預測而不是做決策。此外，任何數據都有其本身的價值。你的數據庫就相當於你自己的「顯微鏡」，需要注意的是：**不要讓自己只能看到自己想看到的數據。**

⏻ 你將如何搭建自己的「數據庫」？
⏻ 這些「數據」對你的意義是甚麼？

搜商：智能時代的必備技能

構建數據庫的第一要務，就是對數據訊息進行「搜索」與「採集」。那甚麼是「搜商」？搜商（Search Quotient，SQ），被稱為除智商、情商外的第三大能力，也被稱為人類一項重要的智力因素。搜商解決的正是時間效率的問題——在一定時間內獲取的有效訊息愈多，則意味搜商愈高。

如何提升搜商的三個方法
識別本質需求

所謂本質需求就是在剔除表面需求後的真實需求。你可以換一個角度，即嘗試將搜索者角度轉換為訊息發佈者角度，藉助搜索引擎優化基本的關鍵檢索法進行識別。

精準鎖定渠道

這一步很關鍵，就像我們選擇在哪裏吃飯一樣，如果你想吃法國菜，就不太可能在一家中餐餃子館找到你鍾意的菜。清晰本質需求後，我們就要檢索相應的搜索渠道，這樣才能增加搜索成功的可能性。

甄別提取訊息

訊息大爆炸時代，許多無效訊息、廣告充斥在有用的訊息中，其中不乏虛假和不安全的訊息；所以具備證偽思維、學會甄別和提取真實有效的訊息尤為重要。畢竟，大量的知識並不具備生產力，只有經過搜索、甄別、提煉以及真正使用，才能形成智能。

提升前提條件：搜索與指令

搜商不但是提升自己效率的武器，也是珍惜他人時間的奧秘。打算向人請教前不如先向機器請教，點擊「滑鼠」就能輕鬆找到答案，就不用打擾別人。

常用搜索引擎

通用的搜索引擎有 Google、Yahoo、百度、搜狗，還有一些專項搜索通道。比如，如果你想定向搜索學術文獻，可以選擇 MBA 智庫、維基百科等。在實現精準、垂直搜索的同時，還開放了社區功能。

常用搜索技巧

為了更好地提升搜商，我們還需要了解一些基本的搜索指令。

- 關鍵詞搜索
- 指定關鍵詞完全匹配搜索
- 不包含某類關鍵詞搜索
- 指定文學影視作品搜索
- 指定文件類型搜索：關鍵詞 filetype: 文件格式
- 指定時間內關鍵詞訊息搜索：關鍵詞 20xx..20xx。
- 將關鍵詞限定在標題中：關鍵詞 intitle: 需要限定的關鍵詞
- 將關鍵詞限定在網頁的地址中：關鍵詞 inurl: 需要限定的關鍵詞

機器、智能只是你強大的「外腦」

加拿大著名傳播學大師馬素·麥克魯漢（Marshall McLuhan）曾說：「整個文明史，其實都只是人的延伸。」

馴化你的外腦

在智能科技時代，一切機器、智能都是人類強大的「外腦」，利用好「外腦」，才能更好地與這個時代對話，而利用的關鍵在於馴化。我們應該如何馴化這些智能「外腦」，讓它們真正為我們所用呢？想馴化外腦，必須先弄清楚「被馴化」與「馴化」的區別。

何謂「被馴化」？

在威廉·麥克尼爾（William McNeill）的《世界史》中記錄了人類在公元前 9000 年左右種植小麥的情況，那時的農業發展主要採用刀耕火種的方式，先燒一片地，隔年那片地就可以為種植新一輪的小麥提供充足的養料。人類則為了獲得更好的收成，不得不在同一片土地上耕種，這看起來是人類掌握了一項養活自己

的新技能，但歷史學教授指這是人類歷史上最大的
騙局。

他認為，根本不是人類馴化了小麥，而是小麥馴化了
人類，人類為了生計不得不辛勤勞作並就近而居，以
至於被農業綁架，變成了小麥的奴隸。

科技愈先進，人類反而愈無能的現象被稱作自動化悖論，是
人類被機器馴化的典型表現。

再回想一下我們無限度地視頻、看娛樂節目，放任自己進入
時間黑洞，不正是我們自己選擇了「被馴化」，成為機器附
庸的典型表現嗎？

如何「馴化」？

現在人工智能技術、算法推薦技術日益發達，每個平台都會
根據我們的喜好推送我們喜歡的內容，應接不暇的誘惑一點
點消磨我們的意志力，所以我們必須學會馴化，如圖 4-12
所示。

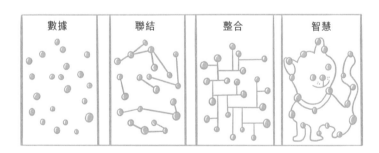

圖 4-12　創造力的形成過程

習慣法則──無替代，不袪除

即使我們真正馴化了這些「外腦」，還是無法完全避免被拖

進時間黑洞，這就像患上「上癮症」般。在現實生活和工作中，我見過不少人脫離了網絡就無法獨立完成工作。比如，上司交給你寫一份商業計劃書。

> 大部分人的方法都是先上網搜索一下商業計劃書的模板，好不容易找到模板，幾小時就過去了；然後再在資料庫裏搜索各種相關資料，不知不覺幾小時又過去了；最後到真正動手做計劃書時，卻發現已經快下班了，於是慌忙在剛下載的模板上補充一些材料，就草草交差。可以預料，這樣的商業計劃書頂多算是及格，很難讓上司滿意。

這種無法獨立完成工作、過度依賴「外腦」的行為，就如同我們其他的壞習慣，會潛移默化地成為一種習慣。一旦形成習慣，想要徹底改變，就不得不刻意修正。

需要提醒的是，在改變的路上，我們還需要遵循一項重要的原則：無替代，不袪除。也就是説，盡量找到可替代的方案來弱化我們對從前習慣的依賴，才能有效地培養新的習慣。在這方面有以下四個小技巧：

少用「不」

人類的大腦是很有意思的，如果稍加注意，你就會發現，愈被禁止的事情，愈容易引起我們的聯想。我們來做個試驗，請注意，我接下來會説：「不要去想你右腳的大腳趾。」看到這句話，你做了甚麼呢？可能很多人已經不自覺地去想自己右腳的大腳趾了吧？這就是大腦的反射回路。在職場中也是如此，如果你希望下屬聽你講話，也少用「不」，而只強調提倡的行為，因為「不」語言也是會傳染的。

用新事情替代

改掉某些習慣時會充滿阻力，當遇到的阻力大於人們自由選

擇的意志力時，試圖改變的意願就會動搖。但是，這時不能一味對自己和他人加以批判，而是要學會用新事情轉移注意力，替代原有的習慣。比如，你每晚 22:30 都忍不住上網，不妨調整為，在這個時間讀一本書或者做簡單的運動等。從而慢慢降低你對舊習慣的依賴，直到放棄過去的行為方式，培養新習慣。

試一試戒掉它們

寫書是一個枯燥而漫長的過程，說漫長是因為它需要長時間的專注和獨處。但從人性的角度出發，人們在做任何事時，如果能獲得一些外界的激勵，則會堅持得更久。

我就因為在寫書過程中需要外界的反饋和激勵而沉迷於社交媒體。後來，我發現這並不能給我帶來動力，所以果斷地解除那款 App，並與自己約定，在完成任務後，再獎勵自己重新下載使用。

增加壞習慣的難度

在谷歌工作，有一項讓人羨慕的福利，就是每隔 50 米就能找到食物，但這種太容易得到食物的情況，也帶來另一個困擾：很多員工因此體重飆升。後來，公司意識到這個問題，但又不希望停止供應這些有需求的食物，所以公司重新設計了廚房的結構，把食物枱移到入口的中間和前面；把裝食物的容器換成了小的，以便減少員工食物的攝入量等等。通過人為增加難度，把員工卡路里和脂肪的攝入量都減少。你也可以通過刻意製造難度幫助自己改掉某些壞習慣。

- 下午的時間是協作時間。
- 未來能夠適應並引領組織發展的是集蜂巢型個體、平台化協作、指數型增長為一體的新商業模式。在這種模式下,「ICO 型」人才具備的三大特質——獨立、協作、共贏將成為組織賦能發展的基礎需求。
- 每個人的內在都有三種不同的角色:夢想家、實幹家及批評家。你要做的是協調他們的分工,協助自己將不可能變為可能,在組織中亦是如此。
- 燃起機會的關鍵四要素是「定目標、追過程、拿結果和勤複盤」。
- 混亂是趨勢,學會運用「平衡輪」在混亂中找出秩序並保持創造力。
- DIKW 模型中的四要素——數據、訊息、知識、智慧的演進路徑是一個雙向演進的系統路徑。只有經過實際應用的驗證,我們才能擁有人知合一的智慧。
- 想要訓練與機器對話,提升搜商,就要站在訊息發佈者的角度,而非訊息獲取者的角度。要清楚,機器、智能同樣是我們強大的「外腦」,可以為我們所用。

CHAPTER 05

投 資 的 晚 上

保持進取，
也別忘了與自己和解。

這個世界的偉大之處不在於我們的現狀，而在於我們前
進的方向。

——奧利弗·溫德爾·霍姆斯（Oliver Wendell Holmes）

帕金森定律與
霍夫施塔特定律

只要有時間，你就會耗完它

英國歷史學家西里爾·諾斯古德·帕金森（Cyril Northcote Parkinson）通過調查研究，於 1958 年在《帕金森定律》（Parkinson's Law）一書中提到：「只要還有時間，工作內容就會不斷擴展，直到所有時間被用完。」也就是説，如果你的時間足夠充裕，你就會竭盡所能地耗完它。

你有沒有發現，對很多人而言，如果給他一項任務，規定 2 小時交付，他就會花 2 小時；而假如規定 30 分鐘就要交付，他也能只花 30 分鐘就搞定。遺憾的是，正是這樣一個又一個無端被消耗掉的 1.5 小時，組成了我們的一天。

以寫書為例，最初寫作時，我也會有消耗一個上午，卻一個字也寫不出來，甚至試過一大朝早擺好架勢，卻毫無進展。事實上，剛剛開始時，有一項重要的技能就是「先讓文字自然流出來」。這裏強調的是，不要介意你寫下的是甚麼，而是先把思想從腦袋中搬出來。過程中，即使遇上阻礙，也要先借用最簡單的方式標記，切忌馬上查找資料，避免被其他事干擾。因為一旦被干擾，你可能就會陷入無限期的拖延。了解過這定律後，就知道不要放任自己擁有無限制的「自由」。只有給自己規定好合理的時限，只在規定時限內靈活變通，才能避免時間被無端消耗。

你花費的時間總比想像多

即使我們有經驗、有能力為一項工作訂立看似合理的時間規劃，但還是會出現「無法在規定時限內完成」的局面。這是因為還存在一條與帕金森定律截然相反的定律——霍夫施塔特定律，即事情所需時間總是超出預期。

> 霍夫施塔特定律有一個有意思的解釋：即使將霍夫施塔特定律考慮在內，你在一件事上花費的時間還是要比想像的多。含意是，即使你把完成一項工作計劃要花的全部時間考慮在內，最後實際所花的時間還是要比計劃的最長時限要多。

這是為甚麼呢？一方面可能會出現一些不可預判的事情，另一方面我們無法客觀評估自己的能力，從而設置了過於樂觀的目標。此外，還存在第三種客觀情況，即在能力和時間都充裕且不受突發情況影響下，仍然會出現霍夫施塔特定律所反映的情況。所以，在應對具體任務時，我們需要將這兩種看起來相互矛盾的定律結合起來使用。

基於價值　設定最後期限

要評估的是任務價值，依據價值設置時間，而不是僅因為要完成它而設定預期時間。要學會跳出時間的維度看待要負責的任務，意即評估事情本身的價值比設定時限更加重要。

做好 B 計劃　時間更靈活

為了避免失控，建議最好在事情開始前就做好 B 計劃，甚至在每一環節做好 B 計劃。比如，經常問自己：「如果事情沒有按照預期的方向發展，你的 B 計劃會是甚麼」或者「如果過程中發生意外，你打算如何應對」等。

調整截止時間不要超過 3 次

一件事一旦無法如期達成，一定要第一時間預警，告知相關
人員，提出解決方案，而不是等事情迫在眉睫、結果塵埃落
定或管理者親自過問時，才告訴他們這件事出了變故。「給
希望—破滅—再給希望—再破滅」不是明智之舉，所以我們
要在一開始想清楚，或在過程中及時糾偏。注意，調整截止
時間一般不要超過 3 次。

衡量時間與能量，找回無端的消耗

著名天體物理學家尼爾‧德格拉斯‧泰森（Neil deGrasse
Tyson）在《給忙碌者的天體物理學》一書中提到暗物質和
暗能量。那些不見蹤影、無端失蹤的時間，就是「暗時間」，
而單位時間內個人投入與產出的能量則被稱為「暗能量」，
時間與能量交織，產生實際效能，這才是我們應該管理和提
升的核心要素。

有管理學大師指出：「對企業而言，不可缺少的是效能，而
非效率。」在個人發展的過程中，效能是可以通過管理和訓
練逐步提升。當人們處於高精力週期時，時間成本就會降
低，效能就會提高，能量值也會變高。

我們如何找到這些「暗時間」，量化自己的「暗能量」，從
而提升自己的「實際效能」呢？時間無法被量化就無法被管
理。所以，通過量化數據進行針對性干預是必要的，而在圖
5-1 所示，橫坐標「暗時間」標示着一天的 24 小時，縱坐
標代表「暗能量」的層級。時間能量趨勢圖中的變量主要是
能量。換言之，你可以給所有時段賦予相應的能量分值，用
分值的高低代表你實際效能的起伏情況。

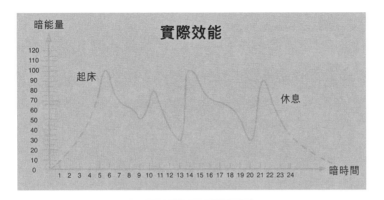

圖 5-1　時間能量趨勢圖

能量分值從低到高排列，無能量感為 0，能量效能充足則為
100，超出能量範圍或超長發揮則為 120。你可以在能量表
中記錄自己一天的能量變化，看看會有甚麼新發現。

> 比如，在訓練了「語音寫作」這項技能後，我在
> 5:00-6:00 這時段內創造了 11 分鐘「碼」下 2,019 個
> 字、寫好一篇文章的紀錄，我就可以為這個時段的能
> 量打 100 分或 120 分。後來證明，使用這項技能有助
> 於實際效能的提升，因為我又在這個時段內創造了 27
> 分鐘「碼」下 3,447 個字並讀完一本書的紀錄。

當你拿到時間能量趨勢圖後，你可以在這個趨勢圖中發現，
到底哪些時間變成了「暗時間」，哪些沒有釋放的能量或過
度釋放的能量則變成「暗能量」。要知道，你關注甚麼，時
間便會流向甚麼；你關注哪裏，能量就會流向哪裏。

「暗能量」和「暗物質」的存在都不是憑空推測，它們來自
觀察到的量化記錄。我們不能一下子改變所有的事情，但可
以學會順應能量節奏來進行合理的規劃與調配，找到起動效
能的按鈕，讓時間、能量與之相匹配，引爆最大效能！

喚醒時刻

在圖 5-1 中標示你過去的 24 小時的能量分值，看看每個時段內你的能量值如何，實際效能又如何。堅持記錄一週、兩週或是更長的時間，看一看有甚麼新發現。

02

摒棄
「浮淺工作」模式

不知道你是否經常看到以下場景：

> 同事們總在下班時慢慢吃晚餐，或是在會議室外百無
> 聊賴地等，只是為了等着開那些無休止的會、加那些
> 無休止的班……最糟糕的是，這種「反正加班無盡頭，
> 不如慢慢地幹、慢慢地耗」的心理和做法，成了不少
> 職場人應對加班的常態。

每個人都需要擺脫「看似玩命工作，實則低效拖延」的陷
阱。在這方面，《深度工作》一書的作者卡爾‧紐波特（Carl
Newport）就給自己設定了一條鐵律：每天 17:30 之後不
工作。

他把工作分為兩類：一類屬深度工作，人們在這情況下的效
能最高，產出質量也最好；另一類則是浮淺工作，就是那種
看起來很忙，但沒有甚麼產出的工作。基於此，他把「堅持
每天 17:30 之後不工作」的方法稱為固定日程生產力，並規
定自己只能在固定時段內工作，從而令自己提高工作效能。

很多人認為，在加班成為常態的當下，喊出「到點下班」是
一種反論調。如果不刻意縮短工作時長，我們永遠無法給自
己按下開關，也無法讓自己養成「只要坐到電腦前，就能

用 100% 的專注完成任務」的極致狀態。因為那種「反正還早」、「反正有的是時間」的念頭總會乘虛而入，誘惑你放棄高效訓練自己的要求。加班是一種職業操守，但無限制的「浮淺工作」所帶來的時間消耗，是對企業的不負責任，一定要區分這兩者的分別。

給自己設計一個 15% 秘密基地

> 1948 年，時任 3M 公司總裁的威廉·L.麥奈特（William L. Mcknight）推出具有開創意義的「15% 時間規則」。這規則的神奇之處在於，它鼓勵每個技術人員每週拿出 15% 的工作時間「幹私事」。這些技術人員可以將 15% 的工作時間用來研究自己感興趣的東西，且不用證明自己的決定是否正當，也不用獲得上司同意，甚至都沒有人關注這些個人研究是否有利於公司。

至今，這樣的帶薪興趣開發制度，已經幫助該公司開發了近 7 萬種產品，擁有了 10 萬項專利，相當於平均每天就能研發出 1.7 個新產品。在摒棄「浮淺工作」模式後，我們也應該給自己設計一個「15% 時間規則」──抽出 15% 的時間發展自己，為自己建立一個秘密提升的小「基地」，讓自己有機會幹一件大事。此外，我們還應該樹立以下意識，讓時間流向那些為未來打造更強競爭力的事情。

培養遷移能力

任何經歷都可以幫助我們培養能力，但我們更需要做的是把訓練習得的能力轉化成可遷移的能力。這些能力涵蓋多面，比如問題解決能力、語言表達能力、公眾演講能力等。這些能力也是個人成長過程中極為重要的能力模型。

人際溝通能力	語言交流能力	公眾演講能力	諮詢能力	教練能力	培訓輔導能力	監督能力	領導能力
說服能力	談判能力	調停能力	訪談能力	客戶服務能力	照顧他人能力	分析思維能力	批判思維能力
創造性思維能力	問題解決能力	決策能力	計劃能力	組織能力	高級寫作能力	研究能力	財務能力
語言表達能力	高級電腦操作能力	工程能力	藝術能力	感性能力	機械操作能力	適應能力	行動能力

圖 5-2　32 項通用能力

你可以從圖 5-2 中選出目前已經具備的能力模型，並思考一下，它是你從哪段經歷中學到，又有哪些仍舊在你當下的工作和生活場景中發揮作用。

- 你已經具備的能力模型有哪些？
- 仍在發揮作用的能力模型有哪些？
- 這些正在發揮作用的能力，就是遷移能力。

如果你還沒有想好預留 15% 的時間可以來做甚麼，建議你依據這 32 項高頻通用能力模型，選出你打算訓練的遷移能力，或根據這些能力鎖定那些能夠加速提升它們的項目，為自己列一個切實可行的訓練計劃。

先行動後思考

一個人只有先有外在行動，才能通過不斷積累，引發思維方式的內在轉變，進而成長為自己真正想要成為的人。當你通過行動建構了新的身份認知後，你才有可能真正擁有高維視角，以此思考和解決問題。正如有社會心理學家說：「我何

以知道自己在想甚麼呢？只有在看到我做了甚麼以後才能知道。」

做更有遠見的事

每個人的時間和精力都有限，誰也不可能兼顧一切，但就連總統都能擠出時間做他認為更有遠見的事，那對我們普通人而言，想要在工作之餘提升自己，必須給自己留出時間真正行動。當然，做更有遠見的事並沒有那麼宏大或遙不可及，遠大的目標也是由日常的微小行動彙集而成的。

- 在沒有成為管理者時，就按照管理者的方式分析問題、解決問題；
- 在沒有進入期待發展的領域時，就開始學習該領域的知識和技能；
- 在沒有任何有遠見的目標時，就開始多讀書、多學習、多向他人請教，拓寬自己的認知邊界。

訓練戰略意識

商場如戰場，這之間存在微妙的界限，這些界限就是一種戰略選擇。戰略並不是「空的東西」，也不是「虛無」，而是直接左右企業能否持續發展、持續盈利的最重要的決策參照。事實上，戰略意識反映的是一個人的全域觀、系統觀和發展觀。其中，是否具備長遠的眼光，能否抓住事務的本質，是否能夠通過實幹解決問題同樣重要。

03

設計並兌現
你的人際關係賬單

常往來的五個人，其平均值就是你

有人堅守一個信念：在職場上，應該憑藉專業實力一路攀升，不要運用所謂的「職場政治手腕」。我以前確實一度認為發展人際關係就是一項職場政治活動，所以，我總是不屑、不願、不敢讓自己周旋於「人情世故」當中。直到我開始研習領導力後才發現，人際關係是個人發展的重要組成部分。

正如華為公司總裁任正非說過：「人最大的運氣，是某一天能遇到一個人打破你原有的思維，帶你走向更高的境界」。人際關係網絡的不斷搭建，如同增加了一條乃至多條網絡，幫助我們不斷疊加看待世界的角度。所以，構建人際關係網絡，從而設計人際關係賬單應該成為每個職場人的必修課；而每個人應該秉持「毫無功利性」的心態來研修這門課，因為這樣做只是為了幫助我們從多維視角認知並突破自我。

提到設計人際關係賬單，就不得不提到組織行為學教授埃爾米尼亞·伊巴拉（Herminia Ibarra）做過的調查，其對象均為她在 INSEAD 教授「領導者培訓課程」時的學生。調查數據如圖 5-3 所示。

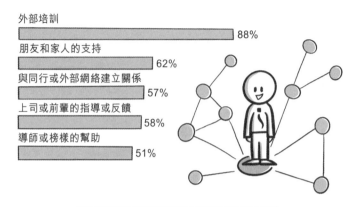

在外部建立人際關係網絡：
被調查者們評價以下選項是否會對其成為
一個更高效的領導者起到作用。

外部培訓 88%

朋友和家人的支持 62%

與同行或外部網絡建立關係 57%

上司或前輩的指導或反饋 58%

導師或榜樣的幫助 51%

圖 5-3　在外部建立人際關係網絡的選項

調查數據顯示，5 種建立人際關係的方式，在個人成長發展中起着極大的作用。它們分別是上述 5 項。當然，這 5 個範圍也可以成為我們自己設計人際關係賬單的依據。另外，在人際關係維繫方面，建議每個月至少與 4 個不同領域的專業人士建立深度聯結。比如，向他們請教，通電話或是抽時間聚餐等。

人際關係中的三種相處形態

人際關係能否得以維繫，根本在於交往的各方能否相互賦能。也就是說，除了對方可以為你提供價值，你是否也能為對方提供價值，而不只是一味索取。所以，在分析各個領域的名家之後，我們會發現，優秀的人總是扎堆出現的。他們身邊存在許多的生態位，而你與他們的相處方式，也可以依據生態位的方式進行建構，那就是：聯合、互補、對峙，如圖 5-4 所示。

|①聯合|②互補|③對峙|

圖 5-4　人際關係的 3 種相處形態

聯合

聯合指的是，你和那些優秀的人一樣出色，你們在能力、見識、視野方面不分上下，你們之間存在思想共鳴，能夠彼此交流，可以相互賦能。比如，摯友、合作夥伴關係。

- 請寫出你的「聯合」清單上有誰：＿＿＿＿＿＿＿

互補

互補強調的是，你可以成為那些優秀的人身邊的協作者，他們為你引路，給你指明方向，你給他們傳遞理念或為他們提供基礎的協助、支持等。比如，做他們的學生、理念的傳播者、繼承者等。

- 請寫出你的「互補」清單上有誰：＿＿＿＿＿＿＿

對峙

當然，如果你與這些人在某方面無法保持一致，也可以成為他們的**對峙者、競爭者，甚至是批判者**。請注意，對峙、競爭、批判並非貶義，也不是惡意對抗，而是提醒我們找到一位真正的對手，與之競賽、較量，帶着一種批判性思維，不斷革新自我，不斷迭代與發展。別忘了，對手愈強，愈能幫助我們變得強大！

- 請寫出你的「對峙」清單上有誰：＿＿＿＿＿＿＿

從本質上講，這3種形態的人際關係網絡也是在保持生態圈的多元化，正是這些多元化的組合，才造就了完整的生態系統。不過，生態系統的根本目的不是競爭，而是競合。即使你與對方的相處模式是對峙，也不是要你們真的去拼個你死我活，而是在互相指出對方缺點的過程中，彌補不足，讓彼此加速成長。這也是我們建立人際關係賬單的根本用意，競合才能彼此長遠賦能。這樣的商業案例比比皆是。

> 比如，在微軟變成巨頭前，比爾·蓋茨就一直小心翼翼地和IBM維持關係，也正是和IBM的合作，讓微軟有了後來的成就。再比如，喬布斯在1997年回到蘋果公司後，做得最重要的決定之一，就是宣佈和微軟合作。喬布斯當時公開表示，必須放棄「蘋果贏，微軟就必須要輸」的想法。這項決策為蘋果公司帶來了微軟1.5億美元的投資，解決了長期的爭端，還讓微軟同意給蘋果開發軟件。

所以，在人際關係中，最強有力的關係其實是，雙方都有能力為對方創造價值，而不是只有一方創造單邊價值。同時，我們也要學會有技巧地化解競爭，形成競合局面，促成多方獲益。最重要的是，你需要開始重視和發展人際關係，構建你的人際關係網絡。

不斷拓寬認知與能力邊界

除了職場內部的人際關係需要重視和發展，外部的人際關係網絡也同樣需要我們關注。說實話，我在建構外在人際關係時，着重的是結識各行各業、各種類型的「奇特」且優秀的朋友。這可以補足我在職場人際關係方面的弱項。

我和傳統的只在某個單一領域深耕的人不同，我認識的朋友，既有各個行業的專家、教授，還有各個領域的從業者和

企業家。他們幫助我看到更多元的世界，建構更多元的認知。當然，說他們「奇特」並不是他們真的異於常人，而是他們從事的行業可能是你平時沒有接觸，甚至壓根沒有聽說過的。

> 比如，熱情測試認證師、剛滿 15 歲的新銳作家兼音樂創作人、搖滾樂團歌手、多次登上紐約聯合國大會的女性創業者以及為世界冠軍們「重塑心智」的腦認知科學家等。重要的是，他們在各自領域都非常出色。

正是這些處在不同行業和領域的朋友，讓我有機會見識到，原來世界還有這麼多不同的打開方式，還有這麼多未知的領域值得探索。此外，我還非常熱衷於參加有意義的公益活動。

記得在情感賬戶上儲蓄

正如圖 5-3 中的調查數據顯示的那樣，「朋友和家人的支持」排在第二位，除了與朋友保持良好的關係，也不要忘了在家人的情感賬戶上儲蓄。人雖然是社會動物，但最根本的情感需求有一大部分來自家人。

在這一點上，我丈夫的觀點一直影響我，雖然他也是事業型的人，但對於家庭，他一直堅持一個觀點：工作只是生活的一部分。他經常說：「工作的目的就是帶給家人更好的生活。」所以，不管工作有多忙，只要家人身體抱恙，他都會第一時間陪我們去醫院。當家庭與工作的投入失衡時，他總是毫不猶豫地選擇前者。

有些人的事業之所以順暢發展，多是因為強大的家庭保障在發揮作用。所以，回家之後的深度陪伴、週末外出遊玩、與家人一起的生活儀式感……同樣不可或缺。每個人都需要為家庭進行情感儲蓄。

最後提醒大家，人際關係賬單是動態變化的，如同收納專家勸誡我們的：「你需要定期給自己的衣櫃做一次斷捨離，因為過去的衣服已經配不上現在的你了。」別忘了，我們的人際關係賬單同樣存在這種「過時效應」。

當你看到的世界越大，你對自己的認知越清晰時，你就需要更為精準並能與之對話的人際關係網絡。最後，我們要記得感恩每一位與我們有過交往的人，他們都是我們成長路上的貴人，正因為他們的存在，我們才得以抵達更廣、更大的平台。

喚醒時刻

⏻ 你設計的人際關係賬單上都有誰？

⏻ 你計劃用甚麼樣的方式與他們建立聯繫？在甚麼時間實施這個計劃？

04

停止「報復性熬夜」
讓 24 小時收支平衡

熬夜不會緩解焦慮 🔍

不知你有沒有試這些情況：白天工作太忙，只能在晚上熬夜
打遊戲機？白天焦頭爛額、心情又差，就想熬夜看劇，讓自
己放鬆一下？白天極度鬱悶，晚上就找朋友「煲電話粥」，
通宵抱怨一整晚？

當白天的需求未被滿足時，我們就很容易陷入「報復性熬夜」
的圈套，與其說這樣做是為了掌控時間、獎勵自我，倒不如
承認，這其實是一種過度補償的行為。這種利用「夜瞓」來
消耗精力的行為，其實也是一種心理「上癮症」。

尋找你自己的高精力週期 🔍

有研究顯示，六成以上「90 後」覺得睡眠時間不足。其中，
31.1% 的人具有「晚睡晚起」的作息習慣。可能有些人會説，
「我晚上效率特別高」。的確，每個人的精力週期不同，這
也是我們一直在強調尋找高精力週期的原因。

但報復性熬夜不同，它是一種長期、長時間、無節制的熬夜
行為。比如，長期凌晨 0:00 以後入睡，甚至到凌晨 2:00、
3:00 才入睡，第二天自然無法早起，這樣極容易導致精神長
期萎靡不振。

CHAPTER 05 晚上篇

169

有朋友曾經坦言，熬夜給他帶來很大的影響。之前他經常熬夜工作，當時覺得效率極高，但現在後悔了。因為他發現，隨着年齡的增長，過度消耗的腦力正逐漸對他產生影響，經常性的頭痛也困擾着他。

哈佛大學心理學博士劉軒曾公開說：「我曾一度認為做創意一定要在夜深人靜的時候。後來，我培養了健康的作息之後，才發現，創意不但沒有減少，反而在更穩定、更可靠地產生。」

雖然因熬夜出現經常性頭痛的情況並不普遍，但也絕非個別例子，因為持續性熬夜確實會給我們帶來副作用，長期如此，還有可能造成慢性睡眠紊亂，越晚睡越無法正常入睡，甚至嚴重影響我們正常的生活和工作節奏。

此外，熬夜還會加速衰老，導致視力下降、胃腸功能紊亂、注意力不集中、反應遲鈍、頭痛、失眠，還會出現易怒、焦慮等問題。所以，**熬夜不能幫助我們緩解焦慮，反而會造成其他傷害。**

補覺不是「萬能術」

也許你會說：「熬夜沒關係，把睡眠補回來就是了」。尤其在假期或週末之前，當你問一些人如何慶祝難得的假期時光，有不少人可能會答：

- 補覺啊，好好補補！
- 終於有個週末了，一定要一覺睡到自然醒！
- 好不容易有時間休息，當然是徹底地睡一覺，好好休息！

有人說，週末最重要的事就是睡覺，好像只有睡足了才算還上欠了一週的睡眠債。有甚者，週末晚上拼命熬夜，白天卻睡到日上三竿才爬起來。結果是愈睡，人愈累；愈睡，頭愈痛。

確實有不少人以為平時欠下的睡眠時間，週末睡個懶覺就能補回來。事實上，短期補充睡眠雖然可以緩解困倦感，但無法真正修復熬夜帶給身體和大腦的損耗。

哈佛醫學院一項新的研究發現：週末補覺很難彌補平時熬夜引發的健康問題，甚至可能比持續睡眠不足危害更大。研究還發現，「補覺」的人的某些健康檢測結果，比連續熬夜的人的結果更差。而且，每晚只能睡 5 小時還會帶來體重增加、延遲褪黑素的分泌、全身胰島素敏感性降低等問題。

盡量使 24 小時收支平衡

既然如此，我們應該怎麼做呢？如果實在無法做到規律作息，也要盡量讓你的 24 小時保持收支平衡。

規律作息，不要熬夜

如果每週只有一兩天睡眠不足，週末也許可以把精神補回來，但若是長時間缺覺且作息不規律，那週末再怎麼睡也「無補於事」。如果你平日經常熬夜加班，那請務必調整和改善；比如，在固定的時間起床，固定的時間睡覺。當你養成規律的生活作息後，身體才能學會在相應的時間做出相應的反應，大腦機能才可保持最佳狀態。

不要刻意在週末補充睡眠

日本有句俗語，叫作「儲蓄睡眠」，意思是有時間就睡個夠，把睡眠存起來為以後忙的時候做準備。但從醫學角度來看，這是完全錯誤的。睡眠根本不能儲蓄。即使今天睡了 12 小時，對明天而言也毫無益處。如果平日確實非常勞累，非要在週末或假期睡個懶覺，建議你最多比平常晚起床 2 小時。請記住，這 2 小時已經是極限。

做點不一樣的事

其實休息不一定只是睡覺，切換狀態也能達到休息的效果。如果休息日還在重複平日做的事情，我們只會感到更加疲勞；所以，我們可以利用週末做些平時不做的事情，藉此來休息身體，放鬆大腦。比如，下廚為自己做一頓精緻的午餐，與朋友來一場戶外之旅⋯⋯這些都是不錯的休息和緩解方式。

愈疲憊　愈運動

從醫學角度看，運動是消除疲勞最合理的方式，愈疲憊的人，愈應該多運動。運動還可以促進生長激素的分泌，運動過後人會睡得更香，有助提高睡眠質素。睡眠質素提高了，疲勞感自然更容易消除。

設計一個「三文治」休假

每個人都需要給自己這台快速運轉的機器剎個車，擦拭保養，留出一定的自由空間，所以你需要勇氣讓自己休假。

谷歌非常鼓勵員工享受假期，甚至強迫員工休假。我之前服務的企業都有花樣百出的假期福利，比如女生專屬的生理假、父母專屬的親子假、為老人慶祝生日的孝親假等。當然，休假是為了消除壓力，而不是休假歸來後讓自己更加忙碌。好的休假就像充電，可以讓你在後面很長一段時間內擁有充沛的精力。所以，為了更好地切換工作與休假狀態，你不妨運用「三文治」休假法（見圖 5-5）調整一下。

「三文治」休假法講求在休假前衝刺，把該處理、該解決、該轉交的事務全部處理完畢，以保證自己在休假期間與工作徹底切斷聯繫，而不至於總是在假期中擔心或錯過郵件，或是突然得知自己需要出席某個會議。

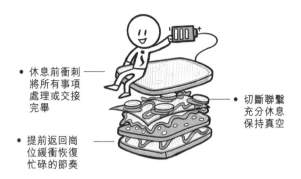

圖 5-5　「三文治」休假法

休假時，你要盡量讓自己保持真空狀態，可以像一些專業人士使用的「休假式治療」一樣，盡量不要碰工作。你要相信那些應該被處理的事自然會有人處理，那些想找你幫忙的人也可以自己找到答案。此外，休假期間，還要盡量避免無節制地上網、打遊戲機等，盡量少做那些需要投入精力的事。

最後，在休假結束前給自己設計一個緩衝期，這個緩衝期可以是幾小時或一天，目的是讓自己提前進入半緊張的狀態，這類似於提前返回崗位，讓自己保持半緊張的節奏，以免在大家忙碌時，你卻需要調節狀態來適應。當然，對於一些實在閒不下來的人而言，還可以利用休假時間去各地參觀學習，或與好久不見的朋友見面、聊天，這樣既達到休息的目的，又維繫了人際關係，還不會因此產生虛度時光的愧疚感。

喚醒時刻

回顧屬於你的一天 24 小時，並在「24 小時時間導航」中記錄時間的走向。看看哪些需要保持和精進，哪些需要調整和改善。

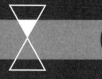

05

給未來留一點不可預測性

保持必要的儀式感

一天 24 小時之旅，每個人的感受和收穫都不同，但不管如何，你都應該學會客觀地看待這一天。所以，我們還要注意以下 3 點。

多分享令你喜悅的事

如果在這一天中，你真的做了一件或幾件了不起的事，比如登上了某個演講台、獲得晉升、拿下了某個項目的負責權……別忘了和他人認真分享這份喜悅，而不是只輕描淡寫地說一句：「嗯，還行吧！」

不要弱化取得的成績，學會坦然告訴大家，好像以下這些：

● 我很重視這次上台演講的機會，為此我熬了 8 個通宵寫演講稿，我還許多次在鏡子前排練，一點點糾正自己的每一個小動作、微表情、咬字發音……看來，我表現得還不錯。

● 在真正獲得晉升機會前，我已經在這個崗位上工作了 3 個月，我的上司都非常肯定我的表現。開心的是，我們還在上個月全集團的比賽中拿到業績冠軍，大家都為此感到高興。

- 這是我很喜歡的項目，我已經研究了半年，而且也已經在這方面取得一些成果。很開心知道可以負責這個項目的消息，希望我們可以把它完成得更出色。

當你真實地表現出對這件事的渴望、期待和在意時，對方才能感受到你的重視。實際上，你的朋友和家人遠比你想像的更期待你分享這些點滴。說不定，他們也正在想辦法為你慶祝。

事實上，每個人都需要一些儀式感，這種儀式感就像《小王子》中狐狸說的那樣：「它使某一天與其他日子不同，使某一時刻與其他時刻不同。」

即使事情發展得並沒有預想的順利，或真的出現了甚麼意外時，你的朋友和家人也會想起你對這件事的重視，轉而真誠地安慰你或給你提供幫助。這可比輕描淡寫地一筆帶過強多了。

 **喚醒時刻**

🕐 創造儀式感是從點滴的小事開始，那你今天有哪些想要分享的小成就，又打算給自己創造一個怎樣的小儀式呢？

不要羨慕獵人，要多做農夫 🔍

不少人都會以結果論英雄，尤其是在商業環境中，沒有結果意味着一切都是偽命題，這聽起來雖然有些絕對，但這是真實存在的常態。同時，我們也要認清一個事實：結果是驗證和犒賞，過程才是收穫和成長。結果反映的只是我們在這件事上是否取得成績，但成長和收穫一定是過程帶給我們的。

結果雖然是過程的成績單，但結果的好壞並不能判定我們是否獲得了內在成長。過程及過程中的細節才能反映我們到底栽培了多少人，學會了哪些能力，掌握了哪些知識等，過程讓我們成長為想要成為的人。

在和被馬雲稱作阿里巴巴「定海神針」的俞朝翎合作時，他反覆強調：「過程！過程！過程！」他是一個注重過程的人。他認為拿到結果有兩種方式：一種是做獵人，另一種是做農夫。

獵人很好理解，一是靠運氣，二是靠槍法。運氣到了，遇上獵物，恰好自己內功訓練得不錯，一兩槍射中，就拿到成果。農夫則不同；莊稼要耕種，苗怎麼選，秧怎麼插，都是學問，每一個細節都是關鍵。過程中，農夫不但把自己的能力培養起來，秧苗也逐漸成長，這相當於給自己建造一個糧食基地，不但現在有糧食吃，未來也有源源不斷的糧食吃。

可能你會說，做獵人也要經過長時間、高強度的刻苦訓練，正如俞朝翎提倡的，希望每個人既能成為獵人，也能做好農夫。**我們不但要擁有獵頭的嗅覺、敏感與執行力，還要具備農夫細耕細作的耐力與堅持。**

把「名詞」換成「動詞」

對於優秀的職場人而言，我們需要訓練自己成為自己的管理者，並讓自己隨時切換至「進行時」狀態。這種「進行時」狀態是一個動態過程，也是一種把「名詞」切換成「動詞」的能力。

著名哲學家亞里士多德提過，動詞除其本身的意義之外，還帶有時間的概念，而名詞則不具備時間的性質。當人們聽到一個動詞時，腦中浮現的不是一個靜止的點，而是一種運動

的狀態。他還在《修辭學》中強調：「要使事物活在眼前，必須使用表示行動的動詞。」

在品牌傳播中也是如此。當一個品牌從名詞變成動詞時，品牌本身也就具備了穿透力，如同你看到「點擊這裏，直接購買」這類句子時，會下意識地想要按照提示操作一樣。也就是說，當你保持「進行時」（動態）狀態時，可能不用過多的啟動程序，就可以開始行動了。所以，當你把「自律」變成「堅持自律」，把「夢想」變成「追逐夢想」，把「人生」變成「創造人生」時，你內在持久的動力也更容易被激活。

喚醒時刻

⏱ 試着將你目標中的名詞變成動詞，並將它們寫在下面，讓自己始終保持「進行時」吧！

精心計劃的生活，雖然不會出現甚麼大差錯，但總是有點乏味無趣，激情不足。你有沒有想過，你至少可以在 1 個月內為自己預留 1 至 2 小時未經規劃的時間，給自己的生活預留一些不可預測性？

這些不可預測性正是生活中未知樂趣的源頭。

> 谷歌前工程師霍金斯就是這種方式的熱衷者。在長達兩年的時間裏，他對於穿甚麼、吃甚麼、去哪兒、見甚麼人，都不做任何計劃，完全隨機。他會讓電腦隨機選定一個城市，然後搬過去住上幾個月。有一段時間，他還嘗試把電腦選中的食物，從自己的飲食中完全去掉。

即使電腦生成了他不願意去做的事情時，他也會先思考這背後的阻力到底是甚麼，然後真正克服它們。他說：「正是這些存在阻力的事情讓我獲得成長。」在很多人看來，他對這種不可預測性的熱衷程度很瘋狂，但霍金斯希望可以通過這種方式讓自己的選擇更加多元，給自己的未來留一點不可預測性。

世界本身就是不可預測、不確定的。不同的是，有些人刻意避免不可預測性，有些人則會主動擁抱不可預測性，甚至主動製造不可預測性。畢竟，為了進步，你的門必須給未知事物留一條縫！

本章要點

- 晚上的時間是投資時間。
- 投資效能，學會配合時間與能量，運用時間能量趨勢圖務實高精力週期，把丟失的暗時間、暗能量找回。
- 投資成長，運用 15% 時間規則，為自己設計一處秘密提升的小「基地」，培養自己的遷移能力，幹一件有遠見、有戰略格局的大事。
- 投資人際關係，找到可以並肩前行的夥伴、值得追隨的導師、足夠強大的對手，向他們深度學習，同時別忘了抽時間投身公益，在情感賬戶上儲蓄。
- 投資睡眠，不要報復性熬夜，也不要無休止地補覺。規律作息，讓你的 24 小時收支平衡。
- 投資勢必有短線收益像獵人，也有長線收益如農夫，重要的是保持持續向前的進行式狀態，同時別忘了過程中的儀式感，同時給未來預留一點不可預測性。

CHAPTER 06

尾聲

就 到 此 結 束 了 嗎

一週、一月、一年，
你還可以做哪些事情？

不管你能做甚麼或者你夢想着做甚麼，放手去幹。膽識
能帶給你天賦、能力和神奇的力量。

―― 歌德（Goethe）

01

堅持做好「一」
點亮成就地圖

為甚麼還有那麼多任務要做?

走過一天的 24 小時就代表我們可以得心應手地控制時間了嗎?答案是否定的。我們經常會被「為甚麼還有那麼多任務要做」、「為甚麼事情愈做愈多」的挫敗感擊倒;所以,我們還要學會堅持做好「一」。

在研究時間管理時,我設計了一份人生成就清單,但我更想稱之為「人生成就地圖」。繪製「人生成就地圖」時,不需要追求太多,先有「一」即可。而人生也正是一場不斷找到「一」、堅持「一」、做到「一」的旅程。

現在,請你拿出一張 A4 紙,或者打開圖 6-1 的「人生成就地圖」。圖中設定了 120 格,代表着 120 歲。此外,圖中還預留了 10 個格子,代表 130 歲。

如圖 6-1 所示,每個格子中都寫着相應的年齡。你可以在每一個已經度過的年歲對應的格子裏,寫下一項當年的成就。

圖 6-1 人生成就地圖

另外，你還可以使用「STAR 法則」記錄它們。Star 在英文中有明星的意思，它代表這個成就事件的閃光時刻，也代表你活出了屬於自己的成就狀態。

接下來，在格子裏寫下你的 STAR 經歷。比如，在我 25 歲時，成功加入了當時非常心儀的一家公司；所以，我將其記錄了下來，如圖 6-2 所示。

STAR 時刻	給你的 STAR 時刻命名 如：2021 年成功加入心儀的公司
STAR 時刻簡述	可以基於 STAR（情境、目標、行動、結果）法則，描述你的故事。 如：因為是自己很想從事的行業，給自己制定了目標後，主動爭取，最後成功入職。 **25 歲**

圖 6-2　「STAR 成就事件」描述

當然，每個人對「人生成就地圖」的詮釋都不同；我的自我要求就是經歷不同階段、扮演不同角色，並且把這些角色全部真實地演繹出來，這就是我樂在其中的原因。而你也完全可以按照自己對成就事件的定義，將它們記錄下來。另外，對於還沒有開始的未來，你也可以提前為其做好規劃，點亮一個計劃的成就時刻。比如，給自己添加一個新的標籤，或開啟一段新的經歷，不用太多，每年一個即可。

舉例說，你可以在明年擁有一個新的身份，也許是成為 TED 的演講嘉賓。當然，在達成願望、實現目標上，行動遠遠比空想可靠得多，這就是願景的力量。請相信，當你大聲告訴自己並提醒別人你有何種願望時，資源也會向你湧來。哪怕到最後，你的計劃由於種種原因沒有實現，你也會發現，擁有一個明確的前進方向並為之努力時，即使沒有到達終點，也不會跑偏得太遠。那時的你，一定比現在的你優秀得多。

另外，你的每月、每週、每天同樣擁有 STAR 時刻，也同樣值得記錄。當然，這些 STAR 時刻可能只是一些微乎其微的

小事，或者只是一些讓你感動的瞬間，抑或只是一些你突發奇想的小創意實現後的驚喜。總之，要為自己記錄，在記錄中見證成長。

「人生成就地圖」中的每一個 STAR 時刻都是你的人生里程碑；這些里程碑就像遊戲中打怪獸升級過關，每過一關，你的背包中就會多一個「重量級」裝備。記錄每一個成就事件，幫助你變得飽滿且充滿力量！

☼ 喚醒時刻

回憶你過往的每一年中有哪些成就？
這些成就不一定很偉大，但至少需要符合以下兩個標準：
⏻ 你喜歡它帶給你的體驗；
⏻ 為成果感到自豪。

這些成就可以是在一次重要會議中勇敢發言，也可以是幫助好朋友解決某個難題；總之，定義的標準完全在於你自己。

02

你需要一位時間喚醒教練

每個人都本自具足 🔍

即使闖過層層關卡，走到了最後，我們可能還是會發現，自己仍舊會置身於以下四種狀態中的其中一種，即無能力無意識、無能力有意識、有能力無意識或有能力有意識，如圖6-3所示。

圖6-3　教練賦能模型

當你處於有能力且有意識的最佳狀態時，你需要做的就是立即行動。而當你處於另外三種狀態時，你會發現，能力可以不斷積累，但意識才是打開新世界大門的鑰匙。

如果說螞蟻是一維生物，人類則是介於三維與四維之間的生物，那麼假如在四維空間的基礎上增加一條與之交叉的時間線，我們就來到了五維空間。從五維甚至更高維度的視角發展自己，才是不斷提升自我認知與實現思維升級的關鍵。

所以，除了盲目行動，你還需要找到一位能夠幫助你跳出三維，站在五維甚至更高維度探究及拓展系統的人，而這個人可能是你人際關係賬單中的某一個人。更理想的情況是：找一位專業的時間喚醒教練幫助你。

谷歌前 CEO 埃里克・施密特就曾說：「迄今為止，我收到的最好的建議就是：人人都需要一個教練。」在微軟，比爾・蓋茨更是將教練應用在企業人才與組織發展項目上，並為每一位企業高潛人才配備了一位外部教練。

對加速個人成長而言，教練正是不二人選。當然，時間喚醒教練喚醒的一定不是時間，而是你。

有心理治療大師提出，關於人性的五項假設，教練喚醒的正是這五項假設，它們分別是：

- 每個人都本自具足；

- 每個人都擁有自己需要的一切資源；

- 每個行為的背後都有正面意圖；

- 每個人都可以作出當下最好的選擇；

- 改變不可避免。

想要終身成長，不妨邀請一位時間喚醒教練陪伴，他們將與你一起，把這些假設變成你真正的優勢與資源。

成為自己的時間喚醒教練 🔍

在本書的最後，我想邀請你做自己的時間喚醒教練。因為沒有任何人能夠代替你從事這份工作。畢竟，激發機會的原動力來自你自己，你需要行動，才能挖掘出人生真正的意義和目的。

最重要的是，**你值得擁有你期待的人生**。正如被譽為時裝界「一代宗師」的山本耀司所說：「『自己』這個東西是看不見的，撞上一些別的甚麼，反彈回來，才會了解『自己』。所以，跟很強的東西、可怕的東西、水準很高的東西相碰撞，才能知道『自己』是甚麼，這才是自我。」

別忘了，**雞蛋從外面打破是食物，從裏面打破是生命**。當你感覺痛苦的時候，實際上是在走上斜坡，這是一種經歷，也是一種創造。就像心理學家加利·巴福（Gary Buffone）博士在《假如沒有明天》中提醒的那樣：「一旦覺察到時間有限，我們就再也不會願意過『原來』那種日子，而想活出真正的自己。這就意味着我們轉向了曾經夢想的目標，將一種新的意義帶入我們的生活。」所以，我特別邀請你，每天通過以下五個問題進行梳理，真正創造並實現屬於你自己的每一個獨特的人生階段。

1. 在這個人生階段裏，你真正想要的是甚麼？

2. 它們為甚麼這麼重要？

3. 怎樣確保它們一定能夠實現？

4. 為了實現它們，你打算承諾甚麼？捨棄甚麼？

5. 你如何知道自己已經達成了？

當然，答案可能沒那麼容易找到，但不妨經常用這些問題來問問自己，答案將越來越清晰。期待你，每天、每週、每月、每年都能收穫進階版的自己！期待在終身成長的路上，遇見你！

本章要點 🔍

- 建構你的人生成長系統，成為終身成長的實踐者。
- 點亮人生成就地圖，從每天、每週、每月、每年的小成就開始，不用多，「一」個即可。
- 最後，別忘了，邀請一位時間喚醒教練陪伴，把自己訓練成自己的「時間喚醒教練」。

後記

你想成為甚麼樣的人？

在現實生活中，我們很容易從一個人身上看到野心和勇氣；但是在面對挫折和孤寂時，那不動聲色的堅持、不計得失的豁達以及智慧和擔當卻是最難擁有的。人的一生要面對許多決策，決策的質素決定了生命的質素，甚至人生的質素，而時間始終是做決策時至關重要的因素之一。

時間就像一條長河，載着我們順流而下。當遇到現實問題需要決策時，我們無法迴避，無法停留，只能選擇以當下最好的方式回應。我們只有通過每天的 24 小時，不斷重塑自我，才能活出全新的自己。正如有一句影響深遠的説話：打敗現在的自己！

我們每一天都在前一天的基礎上攀爬奮鬥，當然，在攀爬奮鬥的過程中，也別忘了欣賞沿途的風景。改變正是在持續行動下發生的，幸福和成長就蘊含於這一過程中。回首過去，你可能會發現，當時的選擇不一定正確，但對於那個當下來説，也許就是最好的選擇。

我希望本書可以幫助你構建一幅全景圖，記錄你每天真實發生的事，幫助你制定目標、完成計劃。如果你願意，它還可以成為你的小助理，協助你看一看在通往目標的路上有沒有脫軌，又冒出哪些靈感，創造了甚麼驚喜……你不妨把它們記錄下來，作為你成長路上的見證。

當然，本書提到的工具和方法絕不是盡善盡美的。因為我自己仍在不斷學習、實踐和完善它們。我想與你分享，寫書是重塑自我的開始，當我把看到的、聽到的、想到的集合起來呈現於此的時候，也意味着我將再次歸零，重新出發。因為我知道，我還需要補充更多的新知和技能。

本書的思想和觀點，將被你詮釋，從而成為你的觀點和思想。當這些觀點經過你的理解，成為知識被傳播，並觸發行動、帶來改變時，也就意味着它們將在更多人那裏變成智慧。

當然，別忘了，每天問自己一個問題：你想成為甚麼樣的人？

著者
尹慕言

責任編輯
嚴瓊音　陳芷欣

裝幀設計
鍾啟善

排版
何秋雲

出版者
萬里機構出版有限公司
香港北角英皇道 499 號北角工業大廈 20 樓
電話：2564 7511　　傳真：2565 5539
電郵：info@wanlibk.com
網址：http://www.wanlibk.com
　　　http://www.facebook.com/wanlibk

發行者
香港聯合書刊物流有限公司
香港荃灣德士古道 220-248 號荃灣工業中心 16 樓
電話：2150 2100　　傳真：2407 3062
電郵：info@suplogistics.com.hk

承印者
美雅印刷製本有限公司
香港觀塘榮業街 6 號海濱工業大廈 4 樓 A 室

規格
特 32 開（213 mm × 150 mm）

出版日期
二〇二一年四月第一次印刷

讓你效率倍增的
時間管理術